Perspectivas e abordagens geográficas contemporâneas

inter
saberes

Perspectivas e abordagens geográficas contemporâneas

Alceli Ribeiro Alves
Larissa Warnavin
Marcia Maria Fernandes de Oliveira
Maria Eneida Fantin
Renata Adriana Garbossa

2ª edição

inter saberes

Rua Clara Vendramin, 58 . Mossunguê . CEP 81200-170 . Curitiba . PR . Brasil
Fone: (41) 2106-4170 . www.intersaberes.com . editora@intersaberes.com

Conselho editorial
Dr. Alexandre Coutinho Pagliarini
Drª Elena Godoy
Dr. Neri dos Santos
Mª Maria Lúcia Prado Sabatella

Editora-chefe
Lindsay Azambuja

Gerente editorial
Ariadne Nunes Wenger

Assistente editorial
Daniela Viroli Pereira Pinto

Preparação de originais
Mariana Bordignon

Edição de texto
Monique Francis Fagundes Gonçalves

Capa
Mayra Yoshizawa (*design*)
davooda/Shutterstock (imagem)

Projeto gráfico
Mayra Yoshizawa (*design*)
ildogesto e MimaCZ/
Shutterstock (imagens)

Diagramação
Kátia P. Irokawa Muckenberger

Equipe de *design*
Mayra Yoshizawa
Laís Galvão

Iconografia
Celia Kikue Suzuki
Regina Claudia Cruz Prestes

1ª edição, 2018.
2ª edição, 2024.

Foi feito o depósito legal.

Informamos que é de inteira responsabilidade dos autores a emissão de conceitos.

Nenhuma parte desta publicação poderá ser reproduzida por qualquer meio ou forma sem a prévia autorização da Editora InterSaberes.

A violação dos direitos autorais é crime estabelecido na Lei n. 9.610/1998 e punido pelo art. 184 do Código Penal.

Dados Internacionais de Catalogação na Publicação (CIP)
(Câmara Brasileira do Livro, SP, Brasil)

Perspectivas e abordagens geográficas contemporâneas / Alceli Ribeiro Alves...[et al.]. -- 2. ed. -- Curitiba, PR : InterSaberes, 2024.

Outros autores: Larissa Warnavin, Márcia Maria Fernandes de Oliveira, Maria Eneida Fantin, Renata Adriana Garbossa

Bibliografia.
ISBN 978-85-227-0881-9

1. Espaço geográfico 2. Estudos ambientais 3. Geografia - Aspectos sociais 4. Geografia - Estudo e ensino 5. Território I. Alves, Alceli Ribeiro. II. Warnavin, Larissa. III. Oliveira, Márcia Maria Fernandes de. IV. Fantin, Maria Eneida. V. Garbossa, Renata Adriana.

23-177156   CDD-910.7

Índices para catálogo sistemático:
1. Geografia : Estudo e ensino   910.7

Cibele Maria Dias - Bibliotecária - CRB-8/9427

Sumário

Apresentação | 7
Organização didático-pedagógica | 11

1. Perspectivas da geografia brasileira contemporânea | 15
   1.1 Perspectiva crítica | 18
   1.2 Perspectiva humanística | 27
   1.3 Perspectiva socioambiental | 33
   1.4 Perspectiva instrumental e avanço das geotecnologias | 38

2. Capitalismo: transformações políticas, econômicas e sociais | 51
   2.1 Capitalismo no período atual | 54
   2.2 Principais potências emergentes do século XXI e papel do Brasil | 64
   2.3 Metamorfoses tecnológicas decorrentes do capitalismo | 74
   2.4 Capitalismo e desigualdades sociais | 80

3. Geografia econômica da América Latina | 101
   3.1 Breves considerações conceituais | 103
   3.2 América Latina: um recorte espacial complexo e multidimensional | 108
   3.3 População e economia na América Latina | 112
   3.4 Brasil na América Latina: uma análise no contexto das relações de comércio internacional | 116
   3.5 Papel da soja na produção e na transformação dos espaços brasileiro e latino-americano | 125

4. Problemas socioambientais contemporâneos | 137
   4.1 Ambiente e atmosfera terrestre | 140
   4.2 Ambiente e água | 148
   4.3 Ambiente e biodiversidade brasileira | 157
   4.4 Ambiente e energia | 168

5. Temas e conceitos da geografia ensinados nas escolas | 177
   5.1 Ponto de partida | 179
   5.2 Para cada ordem mundial, um ensino de geografia: primórdios no Brasil | 181
   5.3 Nova geografia: mudança da ordem mundial e descompasso da geografia escolar no Brasil | 198
   5.4 Atual ordem mundial: novos temas e significados para os conceitos de geografia | 208
   5.5 Renovação da renovação: temas e conceitos da geografia em tempos de globalização | 214

Considerações finais | 233
Referências | 237
Bibliografia comentada | 251
Respostas | 253
Sobre os autores | 255

Apresentação

A contribuição da geografia para o entendimento das configurações territoriais e das relações socioespaciais vem ganhando relevância desde a institucionalização desse campo do conhecimento, especialmente na virada para o século XXI, quando as relações sociais, econômicas, políticas, ambientais e culturais alcançaram, irreversivelmente, a escala global.

Contudo, o que era considerado central para os estudos geográficos há 130 anos foi se modificando e novos temas foram incorporados. Houve também mudança nos métodos de pesquisa, pois os avanços tecnológicos possibilitaram ver o espaço geográfico de perspectivas cada vez mais amplas e, ao mesmo tempo, com mais detalhes e informações. Hoje, podemos ver o planeta a distâncias consideráveis e saber o que há em seu interior, sob os solos nus ou cobertos pelo que resta de florestas nativas e outras vegetações.

A tecnologia modificou ainda a noção de distância, as possibilidades de deslocamento e de conhecimento do ecúmeno com toda a diversidade cultural que o compõe. Isso demandou que a geografia fosse se reinventando, atualizando seus temas e conceitos, trazendo novas abordagens ou perspectivas, assumindo posicionamentos políticos e problematizando a organização do espaço geográfico.

Nesse contexto, apresentamos, nos cinco capítulos deste livro, abordagens contemporâneas da geografia que extrapolam os limites dessa ciência e a aproximam de outras áreas do conhecimento debatidas atualmente, promovendo o diálogo entre a educação superior e a educação básica.

Considerando a trajetória da geografia contemporânea, é cada vez mais necessário estar a par dos temas abordados por essa ciência na atualidade e ter conhecimento do desenvolvimento teórico-metodológico realizado por diversos geógrafos e pesquisadores de outras áreas ao longo do tempo.

Por esse motivo, no primeiro capítulo, trazemos um texto capaz de transportá-lo para diferentes perspectivas da geografia contemporânea (crítica, cultural, socioambiental e instrumental), para que você compreenda os principais temas de pesquisa dessa ciência no presente. Destacamos também alguns fatos históricos que contribuíram para o desenvolvimento dos temas pesquisados pelos geógrafos na atualidade.

No segundo capítulo, apresentamos de forma objetiva, com base em teóricos como David Harvey, Bobbio, Karl Marx, Celso Furtado, Maria Adélia da Silveira, Manuel Castells, Milton Santos, Eric Hobsbawm, Ruy Moreira, Chesnais e Edu Silvestre Albuquerque, o capitalismo desde sua gênese até os dias atuais. Tratamos ainda do modo de produção capitalista, que determinou as mais profundas alterações e transformações no espaço geográfico. Dessa forma, é possível considerar a evolução do capitalismo em suas diferentes fases, que se sobressaíram umas às outras no decorrer dos séculos: capitalismo comercial, industrial, financeiro ou monopolista e informacional. Além disso, argumentamos que, com o modelo econômico capitalista somado ao processo de globalização, os processos sociais resultaram em desigualdades sociais, que se intensificaram no final do século XX e início do XXI, gerando profundas transformações não apenas no Brasil, mas também no restante da América Latina. Portanto, conduzimos uma breve análise do capitalismo e das desigualdades sociais inerentes a esse sistema, cabendo, assim, uma reflexão de María Laura Silveira: Por que há tantas desigualdades sociais no Brasil?

No terceiro capítulo, tratamos da geografia econômica da América Latina na atualidade. No que concerne à configuração espacial ou geográfica dessa macrorregião, as classificações disponíveis geralmente divergem quanto à composição e à quantidade de países que formam a América Latina, gerando implicações para os países inseridos (ou não) na escala de análise. Por isso, discutir a questão da geografia da América Latina antes de tratar das variáveis relacionadas à geografia econômica é uma tarefa fundamental. Outra questão importante atrelada à escolha do recorte espacial se refere à geografia das atividades econômicas na América Latina, que, por sua vez, é resultado da interação entre diversos agentes econômicos e políticos presentes nos territórios. Diante dessas considerações, definimos dois objetivos para esse capítulo: (1) discutir de maneira incipiente uma geografia da América Latina, sem propor uma abordagem definitiva e inflexível em torno da noção de escala e da escolha do recorte espacial envolvendo essa macrorregião, e (2) estabelecer relações entre o Brasil e os demais países dessa macrorregião, com enfoque nas atividades econômicas e nas relações de comércio internacional.

No quarto capítulo, discorremos sobre temas muito discutidos no contexto global, por conta da emergência das mudanças ambientais que vivemos. São eles: atmosfera, água, biodiversidade e energia dentro do território brasileiro. Abordamos conceitos e espacialidade no Brasil, levando-o a pensar em como se configuram as atividades humanas nesse cenário. Partindo desse pressuposto, utilizamos o conceito socioambiental na geografia.

No quinto capítulo, traçamos um panorama sobre os principais conteúdos que, ao longo da história, estiveram em evidência no ensino de geografia na escola básica do Brasil. Na primeira parte do capítulo, referimo-nos à chamada *geografia clássica* e apresentamos os temas e os conceitos que construíram a identidade da geografia escolar até meados do século XX. Na segunda parte, ao tratarmos da renovação do pensamento geográfico, apontamos o descompasso da escola, que não se apropriou dessa renovação em função dos contextos políticos vividos pelo país. Por fim, versamos sobre temas e conceitos que ganharam destaque tanto na academia quanto no ensino com o processo de redemocratização do Brasil e, depois, com a intensificação da globalização.

Desejamos a você ótimos estudos!

Organização didático-pedagógica

Esta seção tem a finalidade de apresentar os recursos de aprendizagem utilizados no decorrer da obra, de modo a evidenciar os aspectos didático-pedagógicos que nortearam o planejamento do material e como o aluno/leitor pode tirar o melhor proveito dos conteúdos para seu aprendizado.

Introdução do capítulo
Logo na abertura do capítulo, você é informado a respeito dos conteúdos que nele serão abordados, bem como dos objetivos que os autores pretendem alcançar.

Síntese

Você conta, nesta seção, com um recurso que o instigará a fazer uma reflexão sobre os conteúdos estudados, de modo a contribuir para que as conclusões a que chegou sejam reafirmadas ou redefinidas.

Indicações culturais

Nesta seção, os autores oferecem algumas indicações de livros, filmes ou *sites* que podem ajudá-lo a refletir sobre os conteúdos estudados e permitir o aprofundamento em seu processo de aprendizagem.

Atividades de autoavaliação

Com estas questões objetivas, você tem a oportunidade de verificar o grau de assimilação dos conceitos examinados, motivando-se a progredir em seus estudos e a se preparar para outras atividades avaliativas.

Atividades de aprendizagem

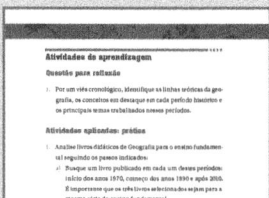

Aqui você dispõe de questões cujo objetivo é levá-lo a analisar criticamente determinado assunto e aproximar conhecimentos teóricos e práticos.

Bibliografia comentada

Nesta seção, você encontra comentários acerca de algumas obras de referência para o estudo dos temas examinados.

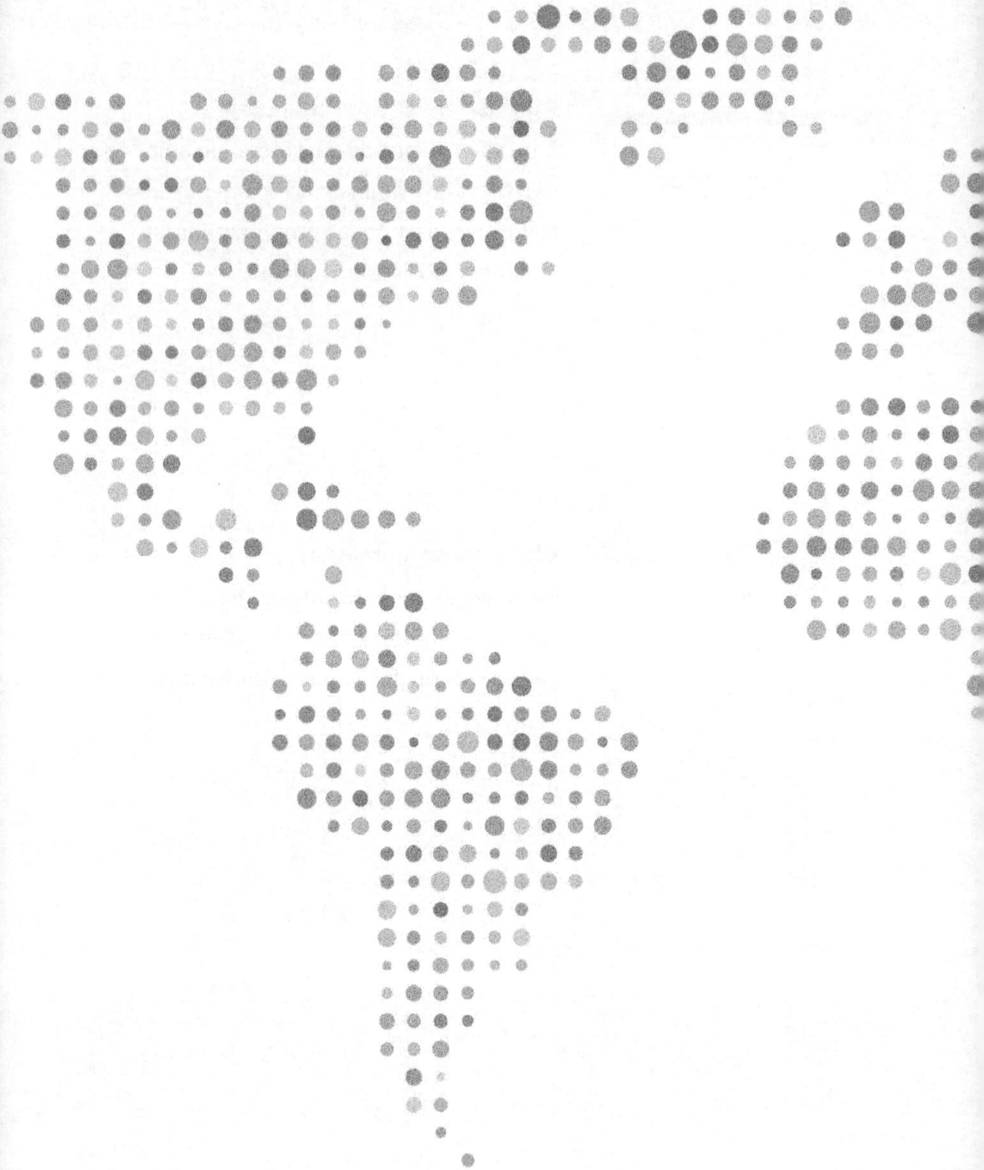

I
Perspectivas da geografia brasileira contemporânea

As perspectivas atuais da geografia brasileira estão direcionadas a dar respostas às crises da sociedade, da civilização e da própria ciência geográfica que se configuraram a partir do final da Segunda Guerra Mundial. Podemos afirmar que o desenvolvimento do modelo atual de crescimento econômico levou à mundialização da economia, em que houve a redefinição dos espaços nacionais, regionais e locais. Nesse contexto, a geografia como ciência do espaço passou a ter perspectivas diferenciadas daquelas praticadas em outros tempos, de acordo com as mudanças que ocorrem na sociedade e no ambiente a todo o momento.

Para além de um contexto geral, alguns aspectos contribuíram para o desenvolvimento de novas perspectivas na ciência geográfica, como crescimento da população e adensamento populacional urbano; crescimento da desigualdade social em suas particularidades; necessidade de preservação da cultura e da identidade dos povos; desenvolvimento de novas tecnologias de mapeamento e de aquisição de dados de campo, bem como de novas mídias; impactos socioambientais, que aumentam exponencialmente a cada dia; crises políticas; e diversas contradições ocorridas no mundo globalizado.

A partir dos anos 2000, houve também um aumento no número de publicações científicas e um crescimento significativo da quantidade de eventos acadêmicos pelo Brasil, como congressos, simpósios e seminários, o que proporcionou uma maior divulgação das produções acadêmicas em geografia. Aliada a isso está a possibilidade de acesso rápido aos diversos textos científicos divulgados em meios eletrônicos. A popularização da internet e da rede de telefonia permitiu aos pesquisadores, anteriormente isolados, que se conectassem com maior facilidade e rapidez aos centros de pesquisa pelo mundo. Assim, a divulgação científica na atualidade torna possível traçar um panorama do cenário atual da geografia brasileira.

Nesse sentido, dedicamo-nos a apresentar as perspectivas atuais da geografia brasileira. Quais são hoje as maiores preocupações dos geógrafos no contexto nacional? É o que vamos abordar nas próximas páginas. Entre as perspectivas da geografia brasileira que mais ganharam destaque desde a década de 1970 até os dias atuais estão a crítica, a cultural, a socioambiental e a instrumental.

1.1 Perspectiva crítica

A geografia crítica ou radical surgiu como uma crítica à ciência que era produzida pela chamada *geografia quantitativa*. Ela ficou conhecida, então, como um movimento de renovação da geografia no que se refere à análise do espaço geográfico.

A grande inquietação dos geógrafos críticos diz respeito à simples descrição dos objetos espaciais realizada pelos geógrafos quantitativos, que não eram capazes de representar, com seus estudos científicos, a complexidade de processos existentes no espaço geográfico, em razão da supervalorização dos dados e dos tratamentos estatísticos. Aqueles afirmavam que era necessário realizar uma análise politizada que expressasse a materialidade das ações humanas no espaço. Essa ideologia demonstra a influência da dialética marxista e do método fundado no materialismo histórico; por isso, essa corrente é também conhecida como *geografia marxista*.

A geografia crítica ou marxista compreende a natureza e a sociedade como indissociáveis. Para essa corrente, não existe nenhuma forma de se definir a natureza sem que o homem esteja presente, afirmando que é o trabalho que "mediatiza a relação entre o homem e a natureza" (Souza, 2002, p. 188). Para os geógrafos marxistas, o conceito de natureza não é natural, pois está delimitado por uma concepção social e política do desenvolvimento da sociedade, sendo necessário receber maior atenção das ciências, a fim de romper as dicotomias que a história deixou: geografia física e geografia humana, sociedade e natureza etc. (Souza, 2002).

Nessa concepção, a partir do final da década de 1970, alguns geógrafos brasileiros, motivados pelas ideias marxistas vindas da França (com a revista *Herodote*) e dos Estados Unidos (com a revista *Antípode*) e pela efervescência política dos conflitos no período da ditadura militar, passaram a ter um olhar diferenciado a respeito do espaço geográfico. Esse movimento permeou, especialmente, a forma de produzir geografia humana no Brasil, dando maior alcance à geografia agrária, com suas discussões sobre a renda da terra, e à geografia urbana, com a valorização do espaço.

Alguns eventos são de grande importância para o desenvolvimento de pesquisas nessa temática, como o Encontro da Associação de Geógrafos Brasileiros (AGB) em Fortaleza, no ano de 1978. De acordo com Silva (1984, p. 76-77), os anais do encontro refletem que a

> contribuição teórica ainda é pequena. Em meio ao grande número de trabalhos ainda comprometidos com uma epistemologia pré-crise, apareceram, no entanto, quatro textos denunciadores publicamente do advento de uma nova realidade para a Geografia: "O CONCEITO DE ESPAÇO DE DAVID HARVEY – IMPLICAÇÕES ONTO-METODOLÓGICAS", de ARMANDO CORRÊA DA SILVA, "A GEOGRAFIA ESTÁ EM CRISE. VIVA A GEOGRAFIA!", de CARLOS

WALTER PORTO GONÇALVES (depois publicado no Boletim Paulista de Geografia de novembro de 1978), "OS PROCESSOS ESPACIAIS E A CIDADE", de ROBERTO LOBATO CORRÊA, e "NOTAS SOBRE A GEOGRAFIA URBANA BRASILEIRA", de ARMÉN MAMIGONIAN. Na verdade o encontro teve seu significado maior fora do âmbito das Comunicações: a mudança de direção da Associação dos Geógrafos Brasileiros, substituição essa que implicou o desaparecimento do caráter oficial (ligado ao IBGE) da entidade e o advento de uma direção jovem e então ainda descomprometida com o poder.

Além desse evento nacional, que fomentou os debates sobre a perspectiva crítica na geografia, o lançamento do livro *Por uma geografia nova*, de Milton Santos, em 1978, foi um importante advento para os geógrafos daquele momento:

> Depois de fazer a crítica da Geografia, desde seus fundadores até a renovação do após-guerra, MILTON SANTOS põe em evidência a crise do conhecimento geográfico, apontando para o que julga a solução do problema; a Geografia é viúva do espaço. A seguir desenvolve, numa segunda parte, o tópico *Geografia, Sociedade, Espaço*, para a seguir propor uma Geografia Crítica, que trata do que denomina *O Espaço Total de Nossos Dias*, onde a unidade da análise é o Espaço-Nação, em sua totalidade. Termina seu texto propondo uma Geografia que trate do verdadeiro espaço

humano, um espaço que seja instrumento de reprodução da vida, e não uma mercadoria que dá origem ao homem artificializado. (Silva, 1984, p. 77)

Diversos autores se destacam na iniciada geografia crítica no Brasil: Bertha Becker, Armen Mamigonian, Wanderley Messias da Costa, Antônio Carlos Robert de Moraes, Ariovaldo Umbelino de Oliveira, Roberto Lobato Corrêa, Armando Corrêa da Silva, Ruy Moreira, Maria Adélia Aparecida de Souza, Ana Fani Alessandri Carlos, Sandra Lencioni e outros geógrafos contemporâneos a esses. De acordo com Carlos (2002, p. 164),

> Baseada no materialismo dialético, a chamada geografia radical passa a fundamentar, no Brasil, a esmagadora maioria dos trabalhos na área de Geografia Humana. Esta tendência contrapõe-se, violentamente, ao neopositivismo assumido pela Nova Geografia – ou Geografia Quantitativa. Coloca em xeque o saber geográfico e abre perspectiva para se pensar a espacialidade das relações sociais. O seu maior mérito foi, sem dúvida, a preocupação teórica que surge com toda força e marca o período. "Um cidadão que não teoriza é um cidadão de segunda classe" e o poder da geografia é dado pela sua capacidade de entender a realidade em que vivemos, afirmava, na época, o professor Milton Santos.

Assim, a corrente crítica da geografia brasileira apresenta muitos avanços nas discussões sobre o atual estágio do capitalismo e a ampliação das desigualdades sociais e territoriais no país. Muitos periódicos científicos têm publicado essas temáticas, assim como diversos eventos científicos trazem o debate e ampliam a divulgação sobre as mudanças ocorridas no espaço geográfico com o processo de globalização. Nesse quesito, Milton Santos foi fundamental para a disseminação das discussões sobre a urbanização no terceiro mundo e o processo de globalização.

A forte influência dos pesquisadores pioneiros nas discussões críticas da geografia foi ganhando mais destaque com o passar dos anos. A geografia crítica se expandiu nos trabalhos de geografia humana e passou a se estabelecer como uma importante forma de produzir ciência no Brasil. Entre as diversas leituras do espaço geográfico feitas pelos geógrafos críticos, houve um notável avanço da discussão do conceito de território, entre outras temáticas que apresentaremos a seguir.

No século XXI, as temáticas relacionadas à geografia crítica permanecem muito evidentes. Para melhor entender os debates atuais dos pesquisadores dessa corrente é necessário conhecer as principais problemáticas tratadas em alguns ramos da disciplina: geografia urbana, geografia agrária, geografia econômica e geografia política.

Os geógrafos da atualidade têm se debruçado sobre importantes questões relacionadas ao processo de urbanização, ao crescimento da população urbana, ao direito à cidade e à decifração dos processos referentes ao desenvolvimento das relações capitalistas nesses espaços. Outros temas que ganham destaque nos debates da área dizem respeito a políticas públicas, desemprego, crise econômica, migrações internacionais e metropolização, os quais se tornaram terreno fértil para as produções em geografia urbana.

Para Firkowski (2009, p. 391),

> o processo de urbanização contemporânea ganha nova dimensão na medida em que a concentração de pessoas, bens e serviços ocorre cada vez mais em grandes cidades, resultando no processo de metropolização. Essa nova dimensão urbana, qual seja a metropolitana, desafia, por si só, as perspectivas teóricas e de gestão existentes. [...] Tais desafios se colocam tanto no âmbito das cidades brasileiras como também no âmbito das cidades localizadas nas porções mais desenvolvidas do planeta.

Com as grandes mudanças ocorridas no cenário político brasileiro sobre as questões fundiárias, a geografia agrária ampliou suas discussões acerca do trabalho campesino e da luta pela terra. Segundo Germani (2009, p. 349), a questão agrária no país permanece em pauta por considerar a "estrutura da propriedade de terra, as relações sociais de produção e como se dão as relações de trabalho que são estabelecidas entre os distintos e antagônicos grupos sociais que coexistem no tempo-espaço". A esse respeito, Thomaz Junior (2010, p. 44-45) afirma:

> oferecemos ao debate algumas preocupações que entrecruzam as temáticas do trabalho e da questão agrária e que de alguma forma rebatem nas diferentes "leituras" da Geografia agrária e à fragmentação do conhecimento. Aqui priorizaremos apenas alguns exercícios teóricos sobre o movimento do trabalho ao despertar atenção dos pesquisadores (divisão científica do trabalho). As diferentes situações serão

abordadas ou respeitarão as áreas e subáreas/especializações, ou seja, expressarão a fragmentação do conhecimento científico. Exemplo: 1) até quando o trabalhador era proletário um especialista se dedicava a essa situação/condição; 2) depois já funcionário de uma empresa terceirizada, cujo enquadramento sindical também muda, pois já não é mais metalúrgico, será objeto das atenções do especialista em atividades terciárias e prestação de serviços; 3) na sequência, como autônomo, ambulante, camelô, agora na informalidade, outro estudioso irá abordá-lo; 4) e quando atinge a condição de ocupante de terra ou mesmo de assentado, outros pesquisadores, agora dedicados à questão agrária, se dedicarão a entender e explicar as demais especificidades do trabalho (camponês, posseiro, pescador artesanal, assentado, agricultor familiar, atingidos por barragens, índios, quilombolas, extrativistas etc.; 5) sem contar que essas expressões laborais/culturais podem vivenciar, ao mesmo tempo, papéis diferenciados quanto à inserção laboral, à divisão técnica do trabalho, e da delimitação representativa dessas condições, como, por exemplo, os assentados rurais que também trabalham no corte da cana-de-açúcar ou outras atividades enquanto assalariados ou não, que seriam os pluriativos; 6) ou o caso de encontrarmos no mesmo talhão de cana um trabalhador migrante, um cortador de cana especializado, um camponês tradicional, um assentado, um trabalhador informal egresso de experiências urbanas, enfim portadores de diferentes trajetórias (inserções na luta político-organizativa), experiências laborais (relações de trabalho) e procedências, mas que naquele momento estão sob o comando direto do capital.

A geografia agrária crítica na atualidade abrange diversos temas: discussões sobre os movimentos de luta pela terra, como o MST (Movimento dos Trabalhadores Rurais Sem-Terra), sua luta por assentamentos rurais e o impacto causado por eles; a modernização da agricultura e a questão fundiária relacionada às condições de trabalho da população campesina, bem como o trabalho escravo em algumas regiões do país; os avanços do agronegócio e da fronteira agrícola na Região Amazônica; o desenvolvimento de alimentos transgênicos com foco no aumento da produtividade; e as condições de vida de campesinos, trabalhadores de agricultura familiar, comunidades faxinalenses e comunidades quilombolas.

No que tange aos temas da geografia econômica, além daqueles considerados clássicos, como a localização industrial, encontramos pesquisas que demonstram como a indústria se desenvolveu com o avanço do capitalismo, fortemente inspiradas nas discussões propostas por David Harvey. De acordo com Carvalho e Veloso Filho (2017, p. 574), as pesquisas da geografia econômica discutem principalmente o

> tema da indústria, dos serviços, dos novos elementos da Teoria da Localização, das aglomerações produtivas e das perspectivas da cooperação no lugar da competição, da influência da cultura na vida econômica, incluindo o consumo, a partir das mudanças contemporâneas, como a intensificação do processo

de globalização e da sociedade/economia da informação e do conhecimento.

Assim, a geografia econômica adquire novos temas com o avanço da sociedade, da economia e dos desdobramentos do sistema capitalista. É importante ressaltar que, nessa perspectiva, os geógrafos críticos consideram a dimensão espacial que resulta dos processos econômicos do capitalismo.

Desde o início do século XXI, a relação entre o espaço e a geografia política e, também, entre o espaço e a geopolítica[1] foi ganhando cada vez mais destaque na produção intelectual brasileira. A geografia política em nosso país teve grande influência dos estudos realizados por Bertha Becker, Lia Machado, Iná Elias de Castro e Wanderley Messias da Costa. Entre os temas frequentes nas produções da geografia política e da geopolítica na atualidade estão questões relacionadas ao conceito de território e seus desdobramentos; às fronteiras nacionais; ao Brasil e ao Mercosul; ao território amazônico; à biopolítica; à gestão territorial; e ao papel do Estado nacional no capitalismo moderno.

Becker (2012, p. 148) esclarece que a geopolítica contemporânea

> resultará da interação entre os dois processos, a reestruturação tecnológica e os novos movimentos sociais. No entanto, ela ensina que esses movimentos e os atores políticos só poderão reverter as tendências atuais se forem capazes de se situar no novo domínio

---

1. A **geografia política** e a **geopolítica** podem ser consideradas distintas no que diz respeito a suas abordagens. A primeira se dedica a estudar a relação entre o Estado e o território (fronteiras, posição, extensão), e a segunda está ligada ao estudo das estratégias e das teorias relacionadas ao poder do Estado sobre o território.

histórico resultante da revolução tecnológica e da reorganização do capitalismo.

Conforme apresentado nessa discussão, considerando-se um panorama atual da geografia crítica brasileira, existem diferentes temas que contribuem para seu debate teórico-metodológico. Essa miscelânea de temas demonstra a natureza complexa das questões geográficas e o caráter fortemente político e ideológico existente nessa perspectiva da geografia. Assim, entre as influências pioneiras e o que existe de mais moderno sobre o assunto, consideramos que a geografia crítica se adaptou às diferentes realidades do espaço geográfico e continua contribuindo enormemente ao propor suas leituras críticas e abordar temas tão importantes nos diferentes contextos do Brasil e do mundo.

1.2 Perspectiva humanística

Entre as diferentes abordagens da geografia como ciência, a partir da década de 1970, a geografia cultural foi inserida em um panorama de renovação da geografia, que, anteriormente a essa época, não assimilava conceitos de cultura no rol de interesses dos geógrafos, pois as tradições geográficas que antecedem esse período têm um viés neopositivista (marcado por modelização e matematização nas análises geográficas). Corrêa e Rosendahl (2003, p. 9) afirmam que as

> razões da incorporação tardia da geografia cultural entre os geógrafos brasileiros são várias. Entre elas está a forte tradição empiricista, profundamente presa a uma pretensa leitura objetiva da realidade, e, a

partir do final da década de 1970, da perspectiva crítica, calcada em um materialismo histórico mal-assimilado. A cultura foi ou negligenciada, ou entendida como senso comum, passando a ser vista como sendo dotada de poder explicativo. Se aspectos culturais estavam presentes em muitos trabalhos realizados, no entanto, isso não permite qualificar aqueles trabalhos de geografia como de geografia cultural. Pois esta não é definida a partir de um objeto específico denominado vulgarmente de cultura, distinto da economia, da política e do social.

Assim como as demais perspectivas da ciência geográfica, que serão apresentadas neste capítulo, a geografia cultural sofreu forte influência da chamada *virada cultural* na década de 1980. Esse período, junto com os anos 1990, foi considerado importante para a humanidade e para diversas ciências, uma vez que os cientistas começaram a utilizar esse termo ao perceber que as ciências sociais estavam voltando seu olhar à cultura. "Em inglês, esse movimento denominou-se the cultural turn in geography. Os franceses o chamaram de le tournant culturel en géographie e no Brasil tornou-se conhecido como virada cultural na geografia" (Almeida, 2009, p. 246).

A virada cultural vai, entretanto, se desenhando, graças às orientações originalmente advindas da nova geografia: debruça-se agora sobre a percepção do espaço e os vieses que ela introduz na disciplina, sobre os mapas mentais e as representações. A universidade de Rio Claro (UNESP-RC), na qual Lívia de Oliveira e Lucy Machado vão protagonizar uma

> reflexão original a respeito da pedagogia em geografia e dos problemas cognitivos, desempenha um papel importante para a difusão dessas temáticas. A tradução de livros de Yi-fu Tuan, em 1980 e 1983, introduz as orientações de cunho fenomenológico em geografia. (Claval, 2012, p. 14)

Dessa forma, embora despontasse a *new geography* nesse contexto, com os levantamentos estatísticos e a modelização, surgiu outra corrente da geografia estruturada pela fenomenologia. No Brasil, destaca-se o trabalho de Lívia de Oliveira – tradutora do livro *Espaço e lugar*, de Yi-fu Tuan – como a principal referência da geografia da percepção.

A geografia da percepção se contrapôs à geografia teorética-quantitativa no sentido de questionar as abordagens que não mais explicavam as relações do homem com o meio, visto que cada indivíduo tem uma forma específica de apreender o espaço e avaliá-lo. "Não se trata apenas de definir, para cada indivíduo, um tipo de espaço social na cidade e fora dela. Este espaço social seria definido pelos espaços que lhe são familiares e as parcelas do território que ele deve percorrer entre estes diferentes lugares" (Souza, 2002, p. 187).

Diversos autores influenciaram a geografia da percepção, despertando o interesse dos geógrafos para o cotidiano como objeto de estudo: Jean-Paul Sartre, Merleau-Ponty, Henri Lefebvre, Jean Baudrillard, Pierre Bourdieu, Agnes Heller, Claude Lefort, Jürgen Habermas, Michel Foucault, Mikhail Bakhtin, Gianni Vattimo, Gilles Deleuze, Félix Guattari, entre outros.

A escala de análise em geografia modifica-se nesse contexto. Se, anteriormente, a escala era a região, o território e a paisagem, na geografia da percepção, o enfoque está condicionado ao lugar.

Portanto, "o cotidiano passa a ser visto como local por excelência, onde o pesquisador vai rever conceitos e métodos de abordagem, uma vez que as transformações do mundo contemporâneo não são mais satisfeitas com as teorias preexistentes" (Souza, 2002, p. 188).

Atualmente, existem duas principais vertentes da geografia cultural: a **tradicional** e a **renovada**. A primeira está ligada à prática dos geógrafos culturais cuja produção científica se volta ao estruturalismo e à prática historiográfica influenciada por Carl Sauer. A outra, por sua vez, considera os detalhes das diferentes culturas e suas nuances, apresentando características semióticas, espiritualistas e ecléticas de cada uma.

> Nesse sentido, há de se refletir sobre toda uma gama de conceitos e princípios que dão base e sustentam a Geografia Humanista como forma de se refletir sobre as relações sociais em relação ao meio ambiente em que se tem fortemente evidenciadas relações culturais, sentimentos; enfim, se apresenta como uma abordagem que busca compreender o espaço geográfico como espaço de vivência (TUAN, 1980; BUTTIMER, 1982; RELPH, 1975). [...] O termo *fenomenologia* surge a partir da palavra *fenômeno*, que, por sua vez, é gerada da expressão grega *fainomenon*, que deriva do verbo *fainestai* e quer dizer "mostrar-se a si mesmo", representando "(...) tudo aquilo que, do mundo externo, se oferece ao sujeito do conhecimento, através das estruturas cognitivas da consciência" (SERPA, 2001). (Rocha, 2007, p. 22)

Sobretudo a partir dos anos 2000, houve um aumento exponencial de pesquisadores e grupos de pesquisa ligados à geografia cultural.

> Este crescimento se deve a diversos fatores, dentre eles, destacam-se: o maior contato dos brasileiros com geógrafos estrangeiros que adotam esta abordagem; o crescimento da pós-graduação e de linhas de pesquisa tratando de cultura e suas várias facetas e especializações nos programas de pós-graduação; existência de professores e pesquisadores que assumem a adoção desse enfoque; o diálogo mais frequente entre a geografia e a antropologia, as ciências sociais e a história, entre outras. (Almeida, 2009, p. 255)

O grande expoente da geografia cultural francesa, Paul Claval (2012, p. 17), recorda que no Brasil a grande diversidade étnica, "com grupos desigualmente integrados à nação brasileira, desigualmente ricos, desigualmente poderosos, oferece um campo inesgotável de pesquisas". Dessa forma, a geografia cultural no país se desenvolve e mantém as tendências a estudos relacionados aos diversos grupos humanos que compõem a cultura brasileira: povos indígenas; quilombolas; sertanejos; nordestinos, incluindo os negros do litoral ou os indígenas do interior do semiárido ou da Amazônia, região para a qual muitos nordestinos migraram durante o ciclo da borracha; comunidades rurais do sertão, em Minas Gerais ou na Região Centro-Oeste; agricultores "gaúchos" do Rio Grande do Sul e de Santa Catarina, frequentemente luteranos de origem alemã, que migraram e colonizaram os cerrados brasileiros em meio século, propagando a cultura da soja e a criação de gado; e "multidões 'abrasileiradas' que não perderam completamente o sentimento em relação às suas origens nas regiões fortemente urbanizadas das regiões sul e sudeste" (Claval, 2012, p. 17).

> E ainda há áreas a serem efetivamente povoadas. País industrializado e urbanizado, com moderna atividade agropecuária e áreas de fronteira de povoamento, o Brasil oferece contrastes que incluem desde a região metropolitana de São Paulo, com 18 milhões de habitantes, até selvagens vales da bacia amazônica, áreas de colonização alemã e áreas de decadentes plantações canavieiras, entre outras. Envolve ainda áreas com fortes conflitos pela terra. As perspectivas para a pesquisa em geografia cultural são imensas. Admite-se que pesquisas empíricas em um contexto policultural como o Brasil podem alimentar novos conceitos e ampliar a base teórica da geografia cultural. Hipotetiza-se, a partir da produção brasileira em geografia cultural, que conceitos como regiões culturais emergentes, regiões culturais residuais, paisagem poligenética e simulacros espaço-temporais (disneyfication) possam ser enriquecidos a partir do Brasil, país de contrastes culturais e de forte dinamismo espacial. (Corrêa; Rosendahl, 2005, p. 101)

Sabemos que, no vasto território brasileiro, estão instaladas culturas diversas. Nesse quesito, os temas da geografia cultural na atualidade se direcionam a compreender como os variados grupos humanos manifestam suas culturas. A vastidão de temas diz respeito, sobretudo, aos intensos processos econômicos, sociais e políticos e à distribuição espacial das populações, considerando-se as migrações internas no país, bem como o sistema de crenças e hábitos, a paisagem cultural e toda forma de representação da natureza socialmente construída.

1.3 Perspectiva socioambiental

A perspectiva socioambiental da geografia tem início com a tomada de consciência da população mundial sobre o impacto das ações humanas no ambiente, que causam inúmeras consequências, muitas delas catastróficas. Os geógrafos, preocupados em compreender as dimensões espaciais desses impactos e motivados por alguns acontecimentos globais que podem repercutir na ciência, passaram a desenvolver novas pesquisas a fim de contribuir para a interpretação das relações entre sociedade e ambiente.

Na década de 1950, emergiu a tomada de consciência global sobre a importância da preservação do meio ambiente. No período Pós-Guerra, o cenário mundial era bastante inquietante. Problemas como a seca, a fome, o conflito entre os blocos socialista e capitalista no contexto da Guerra Fria e a expansão do capitalismo trouxeram diversas preocupações aos cientistas da época.

O aumento da população mundial e, por consequência, da demanda por recursos naturais fez com que a sociedade voltasse seu olhar às questões ambientais. Diversos pesquisadores e chefes de Estado do mundo todo participaram de dois momentos muito importantes para a discussão global sobre meio ambiente: o primeiro no Simpósio da Unesco em Paris, em 1968, e o segundo na Conferência das Nações Unidas para o Meio Ambiente em Estocolmo, em 1972.

Monteiro (2008) considera que existiu uma importante coincidência científica nesse período: o aparecimento da teoria dos geossistemas nos Pirineus, com Georges Bertrand, e, ao mesmo tempo, na Sibéria, com Viktor Borisovich Sochava. O autor acredita que a entrada da teoria geral dos sistemas nos estudos geográficos, proposta pelo biólogo austríaco Karl Ludwig von Bertalanffy, efetivou-se na década de 1930.

> **Saiba mais**
>
> A partir da década de 1930, com o surgimento da teoria geral dos sistemas – desenvolvida pelo biólogo austríaco Ludwig von Bertalanffy (1901-1972) para preencher lacunas das teorias ligadas à biologia –, a comunidade científica passou a conceber a natureza como um sistema, não que anteriormente não houvesse visões sistêmicas. Entretanto, foi Bertalanffy quem sistematizou essa teoria para a aplicação científica, em que o sistema era concebido como um todo, e não apenas como a soma de suas partes (Warnavin; Araujo, 2016).

Mendonça (1989, p. 21) contextualiza esse período de transição na geografia ao inferir que

> O sistema ou teoria dos sistemas pode ser definido como sendo o conjunto de objetos ou atributos e suas relações, organizadas para executar uma função particular. Esta teoria foi desenvolvida inicialmente nos Estados Unidos, no final dos anos vinte do século XX, foi um método que influenciou consideravelmente o

desenvolvimento da Geografia. Este método foi aplicado inicialmente aos estudos da termodinâmica e biologia e sua aplicação na geografia se fez presente bem mais tarde. Na ecologia, Arthur George Tansley (1871-1955), em 1937, utilizando este método, criou o conceito de ecossistema, que mais tarde influenciou a Geografia Física.

Desde esses eventos, os estudos de Sochava, em 1962, de Bertrand, em 1968, e do biólogo Jean Tricart, em 1972, sobre a abordagem ecossistêmica em geografia deram início a um movimento de aplicação das teorias sistêmicas, as quais influenciariam os métodos de integração dos elementos da geografia física. Essa tríade de pesquisadores veio a efetivar as bases da aplicação de um método amplamente utilizado por todas as disciplinas da geografia física: o geossistema.

Em razão da necessidade de compreensão do espaço geográfico como interação entre sociedade e ambiente, a geografia física brasileira se desenvolveu por um viés mais descritivo até a década de 1970. Desde então, os geógrafos passaram a incorporar a seu *corpus* teórico, paulatinamente, a dialética marxista para a interpretação da ocupação humana sobre o espaço aliado a uma visão sistêmica de natureza.

De acordo com Mendonça (2001a), as transformações ocorridas no pensamento geográfico entre as décadas de 1960 e 1980 marcaram a entrada da corrente da geografia radical de cunho marxista, a qual orientou os trabalhos desenvolvidos nesse período; porém, o método dialético-marxista não apresentava eficiência no trato das questões ambientais. Foi a partir dos anos 1980, com a incorporação e o desenvolvimento de novas teorias e métodos advindos da geografia física, que se estabeleceu uma abordagem exclusivamente ambiental na geografia.

> O fato ocorrido no Brasil nos anos 70 e 80, quando entre os militantes da corrente da geografia crítica se encontravam alguns geógrafos físicos, parece lembrar um pouco o que ocorreu nos anos 50 e 60 na França. Naquele país um grupo de geógrafos físicos (Jean Dresch, Jean Tricart etc.) militava no partido comunista e/ou em partidos de esquerda e, ao mesmo tempo, estudava fenômenos ligados ao quadro natural do planeta; no Brasil podem-se citar, numa sequência cronológica que vai dos anos 60 aos anos 90, geógrafos como Aziz Ab'Saber, Claudio de Mauro, Dirce Suertegaray, Wanda Sales, Francisco Mendonça, Walter Casseti, entre outros. (Mendonça, 2001b, p. 120)

A partir da década de 1980, consolidaram-se as políticas indutoras do desenvolvimento sustentável. O Estado passou a pensar em alocação de recursos e em emprego estratégico de instrumentos econômicos destinados a promover práticas ecológicas e inviabilizar comportamentos predatórios, incluindo o estímulo de novas formas de manejo de recursos naturais e a promoção de instrumentos de parceria entre o poder público e a sociedade civil, ampliando-se em direção à construção de formas de gestão ambiental participativa (Mendonça, 2001a).

Andrade (1987, p. 119) esclarece que os

> geógrafos passaram também a preocupar-se seriamente com o problema do meio ambiente, observando-se que na área de Geografia Física muitos

evoluíram de trabalhos específicos sobre morfologia, clima, hidrologia etc. Para realizar pesquisas mais amplas a respeito do meio ambiente, ou, continuando os trabalhos em suas áreas específicas, passaram a aplicar os conhecimentos especializados, levando em conta o impacto dos elementos naturais quando influenciados pela sociedade sobre o meio ambiente.

Assim, os geógrafos físicos passaram a ter um direcionamento "ambientalista" no sentido de estarem mais engajados com as causas relacionadas à preservação do meio ambiente. Nesse quesito, a Conferência das Nações Unidas para o Meio Ambiente (Eco-92), ocorrida no Rio de Janeiro em 1992, fomentou discussões socioambientais no contexto brasileiro. O somatório de experimentações dos geógrafos, aliado às correntes de renovação da geografia crítica e cultural, consolidou a abordagem socioambiental na geografia, pois os estudiosos da área passaram a entender que todo problema ambiental é também social.

> A problemática ambiental é inseparável da problemática social, concebendo-se o meio ambiente como um sistema integral que engloba elementos físico-bióticos e sociais. Assim sendo, a apreensão de uma dada questão ambiental dar-se-á apenas quando recuperadas as dinâmicas dos processos sociais e ecológicos, atribuindo igual ênfase à história da sociedade e da natureza, ou seja, à naturalização da cultura e à culturalização da natureza. (Ajara, 1993, p. 9)

A partir dos anos 2000, o estudo dos riscos socioambientais ganhou grande destaque na geografia, pois a temática explicita a perspectiva dos estudos integrados dos fenômenos geográficos, visto que envolve, necessariamente, tanto os fatores do meio físico quanto os dos meios social, político e cultural. Surgiram novas abordagens, como a noção de risco, que abrange a questão social relacionada ao ambiente.

Com o aumento da população e seu consequente adensamento, os fenômenos naturais se tornam catastróficos ao atingir populações humanas, por exemplo, em enchentes e deslizamentos. Assim, "os riscos ambientais e a vulnerabilidade dos ecossistemas, ou das pessoas em relação às dinâmicas e às consequências ambientais, aprofundam-se e/ou promovem a vulnerabilidade social" (Marandola Jr.; Hogan, 2006, p. 24).

A análise do risco tem incentivado inúmeros geógrafos a elaborar pesquisas de direcionamento socioambiental, buscando promover um estudo que sirva tanto ao desenvolvimento do campo científico quanto à sociedade. Nesse segundo quesito, vale citar a necessidade de se alertarem a população e os órgãos governamentais para a ocorrência de eventos extremos e, também, de se identificarem áreas vulneráveis e perigos naturais como base ao planejamento territorial.

1.4 Perspectiva instrumental e avanço das geotecnologias

Foi no período Pós-Guerra que as geotecnologias começaram a se popularizar no meio científico-acadêmico. O advento dos satélites e dos *softwares* proporcionou um importante avanço das análises espaciais da geografia. Entretanto, somente a partir dos anos 2000 houve um significativo incremento e aperfeiçoamento das tecnologias de sensoriamento remoto, dos satélites, dos computadores, dos *softwares*, dos aparelhos eletrônicos de medição e aferição de dados de campo etc., o que beneficiou massivamente o desenvolvimento das ciências e diretamente o da geografia.

Raeder (2016, p. 81) afirma que

> Sistemas técnicos devem ser entendidos então como formas de produzir não apenas bens, serviço ou energia, mas também como formas de relacionar os homens entre si, formas de informação e de discurso. [Milton] Santos defende que o sistema técnico atual é caracterizado pelo casamento da técnica e da ciência. Neste contexto, a tecnociência compõe a base material e ideológica na qual estão calcados o discurso e a prática da globalização. O autor também chama atenção para a rapidez do sistema técnico atual, tanto na difusão espacial dele como no próprio desenvolvimento tecnológico. Santos destaca também o caráter praticamente irreversível da tecnologia atual: uma vez implantada a inovação, não se pode viver sem ela. Por outro lado, o geógrafo ressalta que, a despeito da unicidade técnica atual, é possível reconhecer que há famílias técnicas do passado convivendo com as mais modernas.

A expressão *tecnologias geoespaciais* é usada para descrever a gama de ferramentas modernas que contribuem para o mapeamento geográfico e a análise da terra e das sociedades humanas. Essas tecnologias têm evoluído desde que os primeiros mapas foram desenhados, nos tempos pré-históricos. De acordo com Silva (2015), no século XIX, as importantes escolas de cartografia e mapeamento foram acompanhadas pelas fotografias aéreas. Câmeras fotográficas eram acopladas em balões e em pombos e, no século seguinte, em aviões. A ciência e a arte da interpretação e do mapeamento fotográfico foram aceleradas durante a Segunda Guerra Mundial e a Guerra Fria, assumindo novas dimensões com o advento dos satélites e dos computadores.

Os satélites permitiram imagens da superfície da Terra e das atividades humanas com certas limitações. Os computadores, por sua vez, possibilitaram o armazenamento e a transferência de imagens, bem como o desenvolvimento de *software*s, mapas e conjuntos de dados digitais associados a fenômenos socioeconômicos e ambientais, denominados *Sistemas de Informação Geográfica* (SIGs). Um aspecto importante de um SIG é sua capacidade de montar a gama de dados geoespaciais em um conjunto de mapas em camadas (*layers*), que permite a análise de temas complexos.

Especialmente na última década, essas tecnologias evoluíram para uma rede de satélites global, científica e operada comercialmente. Além disso, as plataformas aéreas de sensoriamento remoto, incluindo veículos aéreos não tripulados, como *drones*, estão auxiliando na evolução do uso não militar desses equipamentos. O *hardware* e os dados de alta qualidade estão disponíveis para universidades, corporações e organizações não governamentais. Imagens de satélite gratuitas e em alta resolução podem ser facilmente acessadas, permitindo a difusão dos estudos nessa área. Os setores que estão implantando essas tecnologias crescem em ritmo acelerado, informando os órgãos competentes ou tomadores de decisão sobre temas como conservação da biodiversidade, supressão de incêndios florestais, monitoramento agrícola e prevenção de desastres.

Existem muitos tipos de tecnologia geoespacial que podem ser aplicados pelos geógrafos em diferentes níveis de pesquisa:

» **Sensoriamento remoto** – Imagens e dados coletados de plataformas espaciais ou aéreas e de sensores aéreos. Alguns provedores comerciais oferecem imagens de satélite que mostram detalhes de um metro ou menos, tornando-as apropriadas para monitorar diferentes fenômenos espaciais, por exemplo, focos de incêndio, desmatamento, erosão, ocupações irregulares e inundações. "O conhecimento sobre o objeto (ou tema) de estudo (relevo, vegetação, área urbana etc.) é fundamental" para a interpretação das imagens de satélite (Florenzano, 2011, p. 103).

» **SIG** – Conjunto de ferramentas de *software* para mapear e analisar dados georreferenciados, atribuídos a um local específico na superfície da Terra e conhecidos também como *dados geoespaciais*. O SIG pode ser usado para detectar padrões geográficos em outros dados, por exemplo, na disseminação de doenças, na prevenção de incêndios florestais ou inundações e na elaboração de zoneamentos ambientais (Camara; Medeiros, 1988).

» **GPS (Sistema de Posicionamento Global)** – Rede de satélites global que pode fornecer locais de coordenadas precisas para usuários civis e militares com equipamento de recebimento adequado. Muito utilizado em campo pelos geógrafos para adquirir pontos e georreferenciar dados de campo, "Esse sistema foi concebido com fundos do departamento de defesa dos Estados Unidos para fornecer a posição instantânea e a velocidade de um ponto sobre a superfície terrestre, ou próximo a ela" (Paz; Cugnasca, 1997, p. 5).

» **Tecnologias de mapeamento na internet** – Programas de *software* como o Google Earth e o OpenStreetMap estão mudando a maneira como os dados geoespaciais são vistos e compartilhados. Os desenvolvimentos na interface do usuário também disponibilizam essas tecnologias para um público mais amplo, ao passo que o SIG tradicional é reservado para especialistas e para aqueles que investem em programas de *software* complexos.

Silva, Rocha e Aquino (2016, p. 193) comentam a respeito das aplicações mais recentes das geotecnologias nas pesquisas geográficas:

> No que tange ao conjunto de Geotecnologias disponíveis, estas estão cada vez mais interligadas. Sua aplicação aos diferentes campos do conhecimento tem se alargado. A princípio, essas tecnologias têm vasta aplicação aos temas trabalhados pelos geógrafos. Essa pluralidade temática para a qual o uso das geotecnologias tem convergido advém de diferentes matrizes teórico-metodológicas, mormente as abordagens integrativas que procuram analisar a relação Sociedade-Natureza.
>
> Temas como degradação ambiental, desertificação, análise ambiental em bacias hidrográficas, uso/ocupação e cobertura da terra, problemas socioambientais urbanos, dentre outros, despontam como algumas das possibilidades de aplicação das novas ferramentas de análise espacial – aplicação que vem

sendo consubstanciada na abordagem sistêmica, preferencialmente.

Além dos importantes temas salientados pelos autores, é interessante ressaltar que as geotecnologias contribuíram muito para os estudos socioambientais, evidenciando os avanços ou as permanências teórico-metodológicos atrelados ao uso das geotecnologias. O avanço das geotecnologias proporcionou importantes transformações à análise geográfica: imbricação entre os parâmetros naturais e sociais na síntese cartográfica (sobreposição de dados físicos e sociais); ampliação das possibilidades de representação das relações entre sociedade e ambiente com o emprego de geotecnologias (novos tipos de representações cartográficas); e novas perspectivas metodológicas para a análise das interações entre sociedade e ambiente que consideram o hibridismo metodológico (junção de métodos) uma saída para interpretar os fenômenos espaciais.

Síntese

Neste capítulo, abordamos as principais perspectivas dos estudos geográficos na atualidade: crítica, cultural, socioambiental e instrumental. Você pôde observar que, apesar de serem apresentadas separadamente, todas essas perspectivas se encontram em algum aspecto, seja no uso das tecnologias ou dos temas, seja no momento histórico de seu surgimento.

Esclarecemos também que as perspectivas nos estudos da geografia crítica têm relação estrita com as disciplinas da geografia humana, como geografia urbana, geografia agrária, geografia política, geopolítica e geografia econômica, e utilizam a dialética marxista em seus diálogos. Nesses ramos disciplinares, os temas, muitas vezes, são sobrepostos, mas o tratamento dado a cada objeto é diferenciado.

Na sequência, versamos sobre a geografia cultural, que busca compreender as diferentes manifestações culturais existentes na sociedade por meio de uma análise fenomenológica. Sobre esse tema, revelamos o terreno fértil que é o Brasil como campo para pesquisas relacionadas à cultura.

No que tange à perspectiva socioambiental, falamos um pouco mais sobre as diferentes teorias que conduziram os geógrafos da atualidade a compreender os fenômenos do espaço físico como imbricados com as questões sociais. Assim, podemos afirmar que a geografia socioambiental tenta fazer a ligação entre os aspectos físicos e os humanos de determinado espaço.

Por último, tratamos dos diferentes usos das geotecnologias aplicadas à geografia. O aprimoramento das tecnologias de mapeamento como um todo proporcionou grandes avanços nas diferentes áreas dessa ciência.

Além do desenvolvimento das tecnologias que contribuem para a geografia, é necessário pensar em outro movimento que tem se tornado cada vez mais perceptível nas pesquisas: a tendência ao pluralismo metodológico e filosófico, levando à expansão de algumas linhas de pesquisa e ao fortalecimento de outras, como a geografia do gênero e a da saúde. Ademais, a geografia conta com uma lista inesgotável de propostas para estudos na atualidade, cabendo ao geógrafo e ao professor dessa disciplina buscar o que de mais atual tem se produzido. Assim como os fenômenos geográficos estão acontecendo a todo momento, os geógrafos estão produzindo conhecimentos a eles relacionados.

Indicação cultural

Filme

POR UMA OUTRA GLOBALIZAÇÃO: ou o mundo global visto do lado de cá. Direção: Silvio Tendler. Brasil, 2001. 55 min. Documentário.

Nesse documentário, discutem-se os problemas da globalização sob a perspectiva das periferias, seja o terceiro mundo, sejam as comunidades carentes. O filme é conduzido por uma entrevista com o geógrafo e intelectual baiano Milton Santos.

Atividades de autoavaliação

1. Sobre a temática principal deste capítulo, assinale a resposta correta:
   a) Trata-se de uma busca por compreender a construção da geografia tradicional.
   b) Aborda as perspectivas da geografia crítica, cultural, socioambiental e instrumental na geografia brasileira.
   c) Demonstra como os diferentes geógrafos relataram as transformações do espaço geográfico em uma perspectiva econômica.
   d) Diz respeito ao caráter socioambiental da geografia.
   e) Aborda a tecnologia como a grande mola propulsora dos avanços nos estudos geográficos.

2. Relacione os itens numerados aos conceitos apresentados a seguir.
   I. Geografia crítica ou radical
   II. Geografia cultural
   III. Geografia socioambiental

   ( ) Explicita a perspectiva dos estudos integrados dos fenômenos geográficos, tendo em vista que envolve, necessariamente, tanto os fatores do meio físico quanto os dos meios social, político e cultural.

   ( ) Compreende a natureza e a sociedade como indissociáveis, pois, para essa corrente, não existe nenhuma forma de definir natureza em que não esteja presente o homem, pois o trabalho é o que mediatiza a relação entre o homem e a natureza.

   ( ) Sofreu forte influência da chamada *virada cultural* na década de 1980, sendo considerada, com os anos 1990, um importante período para a humanidade e para diversas ciências, uma vez que os cientistas começaram a utilizar esse termo ao perceber que as ciências sociais estavam voltando seu olhar à cultura.

   Assinale a alternativa que corresponde à sequência correta:
   a) I, II, III.
   b) III, II, I.
   c) II, I, III.
   d) III, I, II.
   e) II, III, I.

3. Assinale a alternativa que contempla as principais áreas de pesquisa da geografia crítica de acordo com as discussões apresentadas no capítulo:
   a) Biogeografia, geomorfologia, urbana e agrária.
   b) Agrária, urbana, epistemológica e literária.
   c) Econômica, geopolítica, urbana e agrária.
   d) Geopolítica, geomorfológica, epistemológica e industrial.
   e) Industrial, geopolítica, cultural e urbana.

4. Quanto à perspectiva instrumental na geografia, assinale a afirmativa correta:
   a) O sensoriamento remoto diz respeito às áreas de atuação dos geógrafos e está relacionado ao mapeamento disponível em plataformas na internet. Daí sua nomenclatura.
   b) O GPS foi concebido e patrocinado pelo Departamento de Defesa dos Estados Unidos para que fosse possível localizar a posição instantânea de um ponto na superfície terrestre.
   c) O SIG, ferramenta de fotointerpretação passível de ser utilizada apenas por engenheiros, tem se popularizado por meio de programas como o Google Earth.
   d) O sensoriamento remoto ganhou destaque apenas a partir dos anos 2000, com o lançamento de plataformas *on-line* para mapeamento.
   e) Apesar de toda a tecnologia investida no sensoriamento remoto, as imagens de satélite ainda não são suficientes para o mapeamento completo da superfície terrestre.

5. De acordo com as informações apresentadas sobre a geografia socioambiental, os estudos de Sotchava, em 1962, de Bertrand, em 1968, e de Tricart, em 1972, deram início a um movimento de aplicação das teorias sistêmicas que influenciariam os métodos de integração dos elementos da geografia física. Como ficou conhecida a principal teoria surgida na geografia nesse momento?

a) Geossistema.
b) Metassistema.
c) Teoria geral dos sistemas.
d) Dialética.
e) Fenomenologia.

Atividades de aprendizagem

Questões para reflexão

1. Traçando um panorama sobre os temas atuais da geografia brasileira, podemos perceber que diversos geógrafos se preocuparam em resolver problemas emergentes da sociedade. Escolha um dos temas relacionados à perspectiva crítica da geografia e reflita acerca da importância dele para a sociedade brasileira.

2. Agora que você já sabe um pouco mais sobre a perspectiva socioambiental da geografia brasileira e também sobre os avanços tecnológicos que contribuíram para o desenvolvimento da geografia, explique como as geotecnologias podem auxiliar no mapeamento e no diagnóstico de áreas degradadas.

Atividade aplicada: prática

1. Elabore um plano de aula ou de comunicação cujo tema principal seja a Amazônia. Com base nessa temática, crie uma lista das diferentes perspectivas geográficas presentes neste capítulo e que poderiam ser aplicadas ao contexto amazônico. A intenção é demonstrar a diversidade de abordagens geográficas que podem ser realizadas partindo-se de dado recorte espacial. Reflita sobre como você poderia conduzir essa aula ou comunicação e sobre a diversidade de perspectivas que podem ser abordadas em um mesmo espaço.

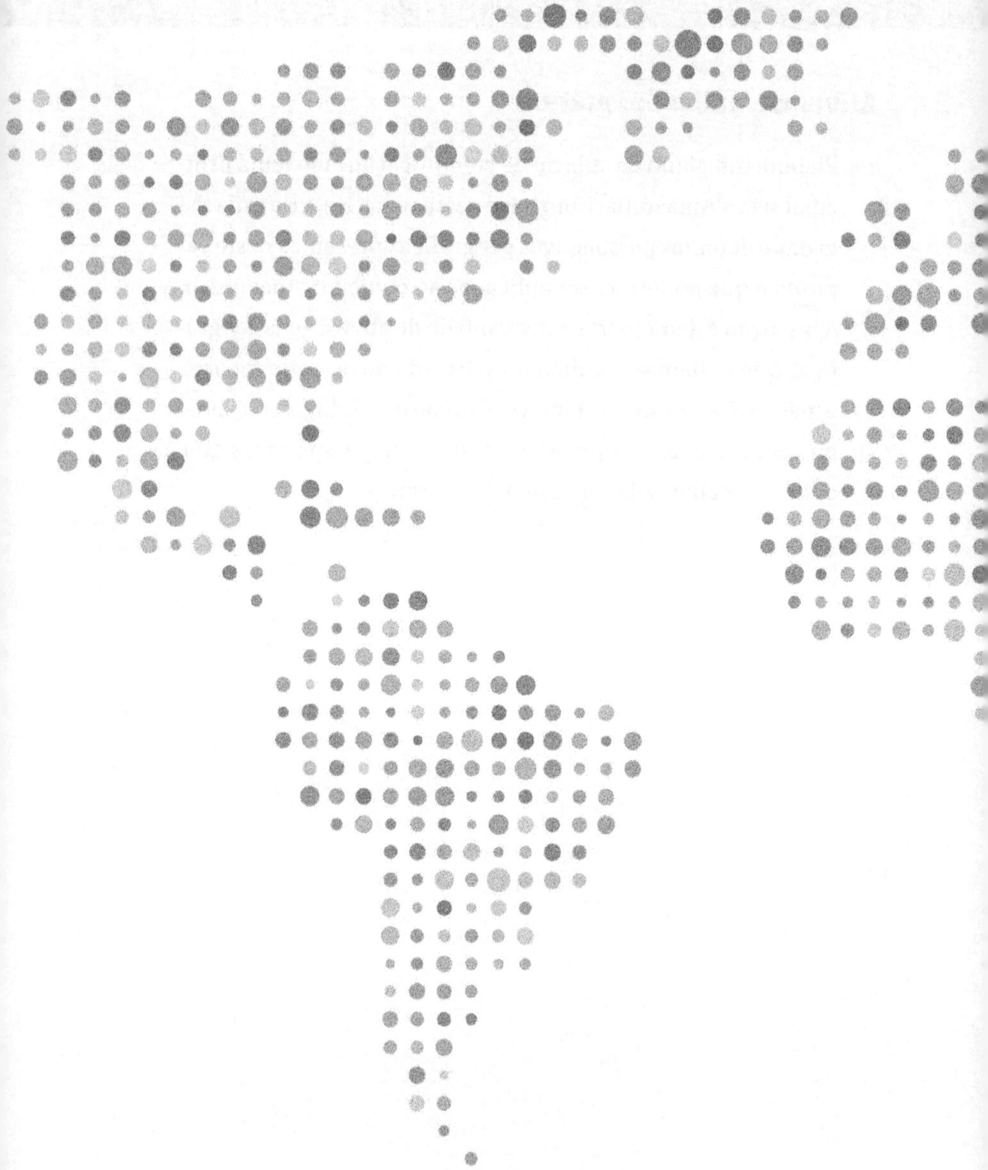

2
Capitalismo: transformações políticas, econômicas e sociais

Dividimos este capítulo em quatro grandes tópicos que auxiliam no entendimento das demandas contemporâneas da geografia e das principais alterações no território. Assim, o primeiro tema a ser abordado faz alusão ao capitalismo atual. Para isso, é necessário compreender o que vem a ser o capitalismo na concepção de alguns teóricos. Historicamente, esse sistema foi responsável por transformações econômicas, sociais, políticas e territoriais, que, na visão dos teóricos utilizados como referência, nem sempre provocaram mudanças positivas, fato que pode ser visto nas principais fases do capitalismo industrial, comercial, financeiro e informacional[1].

Seguindo a mesma linha teórica e sem perder de vista o raciocínio do modelo econômico capitalista somado ao processo de globalização[2], no segundo tópico, visamos à identificação das principais potências emergentes do século XXI e do papel do Brasil, levando em conta as limitações e as expectativas em relação ao Brics[3].

1. Nem todos os autores concordam com a existência de uma quarta fase: o *capitalismo informacional*. Esse termo foi desenvolvido por Manuel Castells em sua obra *A sociedade em rede*. Contudo, neste capítulo, trataremos das quatro fases, pois a informacional é imprescindível para o entendimento dos demais temas a serem trabalhados.
2. Para Santos (2015), a globalização é, de certa forma, o ápice do processo de internacionalização do mundo capitalista. Dois elementos são fundamentais para seu entendimento: o estado das técnicas e o estado da política. O termo *globalização* designa o fim das economias nacionais, bem como a integração cada vez maior entre as economias nacionais e entre os meios de comunicação e os transportes. Um dos exemplos mais interessantes do processo de globalização é o *global sourcing*, ou seja, o abastecimento de uma empresa por meio de fornecedores que se encontram em várias partes do mundo, cada um produzindo e oferecendo as melhores condições de preço e qualidade naqueles produtos com maiores vantagens comparativas (Sandroni, 2007).
3. O termo *Bric* foi criado em 2001 pelo economista inglês Jim O'Neill para fazer referência a quatro países: Brasil, Rússia, Índia e China. Em abril de 2011, foi adicionada à sigla a letra *s*, em referência à entrada da África do Sul (em inglês, *South Africa*). Dessa forma, o termo passou a ser *Brics*.

Na sequência, fazemos menção às metamorfoses tecnológicas decorrentes do capitalismo. Nosso intuito é verificar como a modernização da tecnologia, entre outros fatores, tem gerado profundas transformações nos processos produtivos e nas estratégias de reprodução do capitalismo.

Para finalizar, debatemos as desigualdades sociais existentes no Brasil e utilizamos alguns teóricos para ajudar na compreensão das origens das desigualdades sociais no país.

2.1 Capitalismo no período atual

Para inferir como ocorreram as transformações no espaço geográfico mundial com a instauração do modelo econômico capitalista no final do século XX, cabe-nos, segundo Harvey (1989), estabelecer quão profundas e fundamentais podem ter sido essas mudanças. São abundantes os sinais e as marcas de modificações radicais em processos de trabalho, hábitos de consumo, configurações geográficas, geopolíticas e territoriais, poderes e práticas do Estado etc. No Ocidente, ainda vivemos em uma sociedade em que a produção em função de lucros permanece como o princípio organizador básico da vida econômica. Por isso, é fundamental representar todos os principais eventos ocorridos, entre eles as grandes revoluções da humanidade, de maneira a não perder de vista o fato de que as regras básicas do modo capitalista de produção continuam a operar como forças plasmadoras invariantes do desenvolvimento histórico-geográfico.

Portanto, para o entendimento das mudanças ocorridas, devemos compreender, primeiramente, o que é o capitalismo, que, desde seu surgimento como modelo econômico implantado em praticamente todos os países do mundo até os dias atuais, passou por inúmeras transformações.

Conforme Sandroni (2007), o capitalismo pode ser definido como um sistema econômico e social que predomina na maioria dos países industrializados ou em fase de industrialização. Neles, a economia baseia-se na separação entre trabalhadores juridicamente livres, que dispõem apenas da força de trabalho e a vendem em troca de salário, e capitalistas, os quais são proprietários dos meios de produção e contratam trabalhadores para produzir mercadorias, visando à obtenção de lucro. Na concepção de Sombart[4], citado por Sandroni (2007), a essência do capitalismo não está na economia, mas no "espírito" que se desenvolveu na burguesia surgida na Europa no final da Idade Média. Para o teórico Max Weber[5], o capitalismo é a predominância da burocracia: as empresas deixaram de ser domésticas e passaram a ter vida própria, exigindo, em razão do tamanho crescente, sistemas contábeis e administrativos altamente racionais para garantir a obtenção de lucro.

Marx (1985) define o capitalismo como a exploração dos trabalhadores pelos capitalistas. Portanto, o salário pago corresponderia a uma parcela mínima do valor do trabalho executado.

---

4. O sociólogo e economista alemão Werner Sombart (1863-1941) está entre os mais importantes autores europeus do primeiro quarto do século XX no campo das ciências sociais.
5. O alemão Max Weber, ao lado de Émile Durkheim e Karl Marx, foi um dos maiores pensadores clássicos responsáveis pela fundação da sociologia. Nascido em 1864, em Munique, dedicou sua obra à compreensão da nova sociedade que se formava com a consolidação do capitalismo industrial na Europa e sua propagação pelo planeta. Weber morreu em 1920, tendo vivenciado as turbulências da Primeira Guerra, o que, para alguns, fundamenta, de certa forma, seu pessimismo diante da contemporaneidade.

Portanto, a diferença, denominada *mais-valia*[6], seria apropriada pelos proprietários dos meios de produção sob a forma de lucro.

Para Bobbio e Matteucci (2010), na cultura corrente, atribuem-se ao termo *capitalismo* conotações e conteúdos frequentemente muito diferentes, reduzíveis. Todavia, há duas grandes acepções: a primeira, bastante restrita, designa de forma particular, historicamente específica, um agir econômico, um modo de produção em sentido estrito ou um subsistema econômico. Este é considerado parte de um amplo e complexo sistema social e político. É preferível usar definições deduzidas do processo histórico de industrialização e modernização político-social para esse caso. Fala-se exatamente de sociedade industrial, liberal-democrática, ou de sociedade complexa, da qual o capitalismo é só um elemento que denota o subsistema econômico. Uma segunda acepção de capitalismo, por sua vez, atinge a sociedade em seu todo, como formação social historicamente qualificada, de forma determinante, pelo seu modo de produção; portanto, nessa ótica, o capitalismo designa "uma relação social" (Bobbio; Matteucci, 2010).

Sandroni (2007) afirma que o capitalismo tem passado por uma grande evolução. Em sua origem, está o empobrecimento da nobreza europeia, em virtude dos gastos com as Cruzadas e da fuga dos camponeses para as cidades (burgos). A partir do século XIII, sobretudo em alguns portos do norte da Itália e do Mar do Norte, muitos burgueses começaram a enriquecer, criando bancos e dedicando-se ao comércio em maior escala, primeiramente dentro da própria Europa e, depois, estendendo-se para o restante do mundo.

Segundo Marx (1985), muitas características da relação do homem com o trabalho foram diluídas com o advento do sistema

---

6. Para Marx (1985), a mais-valia é gerada no momento em que o trabalhador vende sua força de trabalho ao capitalista e produz um excedente. Desse modo, é o valor que o trabalhador cria além do necessário para a reprodução da força de trabalho.

capitalista. Ocorreu também uma dissolução da relação do homem com a terra. De forma gradativa, o homem passou a não ser mais proprietário do instrumento de trabalho. Além disso, as condições laborais foram alteradas e os trabalhadores deixaram de ser escravos e servos, mas continuaram dependentes, agora do capital. Para o autor, o trabalho artesanal, em sua forma mais pura, é prejudicado pelo desenvolvimento do sistema capitalista, não havendo mais ligação entre a pequena propriedade e o trabalhador e ocorrendo a destruição do capital por ele mesmo, na medida em que destrói o pequeno capital e os modelos híbridos, encontrados nos modos de produção antigos e no modo de produção clássico do próprio capital.

Assim, desde a gênese do capitalismo até os dias atuais, o modo de produção determinou as mais profundas alterações e transformações no espaço geográfico. É possível considerar a evolução do capitalismo em suas diferentes fases, as quais foram se sobressaindo umas em relação às outras no decorrer dos séculos: capitalismo comercial, industrial, financeiro ou monopolista e informacional.

O capitalismo comercial refere-se ao período das Grandes Navegações ou dos Descobrimentos, sendo a primeira forma assumida pelo capitalismo entre o século XV e o começo do século XVII. Graças ao início da formação do sistema capitalista e à consequente expansão do comércio internacional no contexto da Europa, esse tipo de capitalismo acabou se alavancando. Assim, essa fase ficou marcada como uma etapa de grande expansão marítima e comercial, mas também de formação de colônias europeias em várias partes do mundo, merecendo destaque as Américas e a África. Concomitantemente a esses eventos, houve o desenvolvimento do mercantilismo, que tinha como princípio norteador a busca e o controle de matérias-primas e metais preciosos por quem empregava essa prática. Somada a isso, estava a intensa troca comercial internacional, pela qual cada Estado buscava manter uma balança comercial favorável. Destarte, nessa fase, acumulavam-se riquezas com o comércio de escravos, com alguns metais preciosos e com a exploração de terras recém-descobertas.

Na teorização de Singer (2004), o desenvolvimento das trocas mercantis ensejava a inserção de intermediários entre produtores e consumidores. A função do mercador surgiu, então, como uma especialização no processo de divisão do trabalho, que se aprofundava. O autor argumenta, ainda, que o capital comercial é uma relação social que surgiu antes de a produção ter se tornado capitalista.

Para Hobsbawm (1975), o comércio alcançou seu auge entre 1590 e 1620. Esse era o setor que mais detinha riqueza, uma vez que grande parte do lucro se concentrava nos mediadores entre os produtores e os consumidores, ou seja, os comerciantes. O historiador destaca que, para o capitalismo entrar em sua nova etapa, a chamada *fase industrial*, ocorreram três grandes estímulos:

1. O comércio de todos os países estava amplamente concentrado, direta ou indiretamente, nas mãos dos mais avançados industrialmente.
2. Esses países, em especial a Inglaterra, acabaram suscitando uma demanda ampla e em expansão dentro de seus mercados locais.
3. Um novo sistema colonial, baseado, sobretudo, na economia rural de mão de obra escravizada, produziu sua própria sucção forçada especial, que provavelmente foi decisiva para a pioneira indústria inglesa do algodão.

Não se sabe, ao certo, qual desses três estímulos foi o mais importante na mudança do capitalismo comercial para o industrial, mas tais sinais, sem dúvida, proporcionaram a metamorfose da produção capitalista, tornando possível a industrialização. O capitalismo industrial emergiu em meados do século XVIII, com a Revolução Industrial, iniciada na Inglaterra.

Nos pressupostos de Hirano (1988, citado por Pales, 2014), é na Inglaterra que historicamente se conjugam os elementos econômicos, sociais e políticos que resultaram na Revolução Industrial das três últimas décadas do século XVIII, prenunciando o advento do modo capitalista de produção e das classes sociais. O capital acumulado na fase anterior passou, nesse momento, a ser investido na produção, dominando o processo de circulação e acumulação de riquezas. Portanto, percebe-se uma clara divisão entre capitalistas e proletários, sendo essa fase marcada pelo estabelecimento determinante do trabalho assalariado em detrimento dos produtores individuais, como os mestres artesãos.

Na fase do capitalismo industrial, que se estendeu do século XVIII ao XX, esse tipo de produção se tornou a maior fonte de lucro, e o trabalho assalariado passou a ser a relação típica do capitalismo. Ou seja, com o capitalismo industrial, o trabalho se transformou em mercadoria. Assim, aquele que não tinha meios de produção nem capital vendia sua mercadoria e, consequentemente, sua força de trabalho.

Nesse período, que ficou conhecido como *imperialismo*, muitas das antigas colônias da América conseguiram sua independência. Com a grande expansão da indústria, as metrópoles precisaram buscar novos fornecedores de matérias-primas e novos mercados de consumo para seus produtos industrializados. A partilha tanto da Ásia quanto da África é resultado desse momento, quando as potências europeias partiram em busca de novas colônias.

A fase do capitalismo industrial apresentou transformações não somente no campo econômico e no mundo do trabalho, mas também na extração de matéria-prima. Esta, até a Revolução

Industrial, era percebida como coisa viva da natureza, própria daquele período, uma vez que o peso da centração têxtil consumia, principalmente, matérias-primas oriundas ainda do mundo agromineral, característico da fase pré-fabril do artesanato e da manufatura. Assim, a localização geográfica se orienta já para as minas de carvão. Esse novo arranjo indica a passagem do paradigma de matérias-primas agroanimais para minerais, instituída pela revolução fabril (Moreira, 2016).

Ao longo da Segunda Revolução Industrial, o desenvolvimento capitalista veio a criar o capitalismo industrial (Singer, 2004). Um grande expoente dessa transformação foi o fordismo-taylorismo[7], que colocava em prática a integração vertical de todas as etapas da cadeia produtiva. Esse modelo se estendeu a todos os continentes e países, com uma estrutura de governança hierárquica e burocrática análoga à da administração pública.

Para Harvey (2008), o que havia de especial em Henry Ford (e que, em última análise, distingue o fordismo do taylorismo) era seu reconhecimento explícito de que produção de massa significava consumo de massa, um novo sistema de reprodução da força de trabalho, uma nova política de controle e gerência do trabalho, uma nova estética e uma nova psicologia, em suma, um novo tipo de sociedade democrática, racionalizada, modernista e populista.

Ainda na concepção de Harvey (2008, p. 121):

> em muitos aspectos, as inovações tecnológicas e organizacionais de Ford eram mera extensão de tendências bem-estabelecidas. A forma corporativa de

---

7. *Os princípios da administração científica*, de Frederick Winslow Taylor, é um influente tratado que descreve como a produtividade do trabalho pode ser radicalmente aumentada por meio da decomposição de cada processo de trabalho e da organização de tarefas fragmentadas segundo padrões rigorosos de tempo e estudo do movimento.

organização de negócios, por exemplo, tinha sido aperfeiçoada pelas estradas de ferro ao longo do século XIX e já tinha chegado, em particular depois da onda de fusões e de formação de trustes[8] e cartéis[9] no final do século, a muitos setores industriais (um terço dos ativos manufatureiros americanos passaram por fusões somente entre os anos de 1988 e 1902).

Contudo, no tocante à organização sindical nesse período, as fábricas fordistas, que reuniam milhares de operários, acabaram sendo o ambiente ideal e profícuo para a base, a organização e o surgimento dos grandes sindicatos. Como preconiza Harvey (2008, p. 129),

> O acúmulo de trabalhadores em fábricas em produção de larga escala sempre trazia, no entanto, a ameaça de uma organização trabalhista mais forte e do aumento do poder da classe trabalhadora – daí a importância do ataque político a elementos radicais do movimento operário depois de 1945. Mesmo assim, as corporações aceitaram a contragosto o poder sindical, particularmente quando os sindicatos procuravam controlar seus membros e colaborar com a administração em planos de aumento da produtividade

---

8. Tipos de estrutura empresarial em que várias empresas, já detendo a maior parte de um mercado, combinam-se ou fundem-se para assegurar esse controle, estabelecendo preços elevados que garantam a elas grandes margens de lucro. Os trustes têm sido impedidos em vários países, mas a eficácia dessa proibição não é muito grande.

9. Grupos de empresas independentes que formalizam um acordo para sua atuação coordenada, com vistas a interesses comuns. O tipo mais frequente de cartel é o de empresas que produzem artigos semelhantes, de forma a constituir um monopólio de mercado. O termo *cartel* refere-se, em geral, ao mercado internacional.

em troca de ganhos de salário que estimulassem a demanda efetiva da maneira originalmente concebida por Ford.

O capitalismo financeiro ou monopolista é considerada por muitos teóricos a fase atual do capital, tendo em vista que é marcado pelo protagonismo da especulação financeira e da bolsa de valores. Nessa fase, os bancos se desenvolvem e há expressiva aceleração da mobilidade do capital, facilitada pelos recursos da informática em um mundo globalizado, no qual o capital financeiro fica, a cada dia, mais desligado das atividades produtivas. Para muitos teóricos, a fase do capitalismo financeiro se estrutura com a formação do mercado de ações e sua especulação tanto em termos de valores quanto de taxas e juros. Furtado (1998, p. 74) cita que "a tecnologia moderna estimula esse processo, mas não é de desconhecer que foram forças políticas que moldaram a fisionomia do mundo atual".

Hirano (1988, p. 131) concebe que o capitalista, nesse novo contorno do capitalismo, "não participa diretamente da produção; mas, como detentor de parte de alíquota do capital social, ele é, muitas vezes, a personificação oculta do capital produtivo, enquanto o capitalista industrial é o personagem visível do capitalismo produtivo". O autor conclui que o capitalista produz e reproduz mais-valia, sem participar diretamente da produção de mercadorias e da circulação delas. Desse ponto de vista, pode-se dizer que ele é uma figura invisível no mercado financeiro.

A fase do capitalismo denominada *informacional*, também chamada de *revolução técnico-científica*, redesenhou as relações entre os homens e abreviou a dinâmica dos fatos sociais que envolvem relações humanas. Dessa maneira, a revolução tecnológica que culminou no redimensionamento cultural do ambiente ocupado pelo homem decretou definitivamente a união entre produção e ciência. Essa nova fase se deve não somente às mudanças baseadas na tecnologia, mas também à intensificação com que elas ocorrem. Além disso, apresenta outras características, com o capitalismo passando pela fase informacional-global e com o início da internet, que proporciona um aumento de produtividade econômica e uma aceleração do fluxo de capitais (Furtado, 1998).

Assim, para melhor exemplificar a fase informacional, Santos (2006a, p. 47) afirma:

> No final do século XX um novo paradigma tecnológico cria novas possibilidades e altera os processos da economia, política, relações sociais e culturais. Falar de um novo mundo não é exagero já que as mudanças vivenciadas na atualidade fazem emergir uma nova configuração resultante das interações, também novas, entre as diferentes dimensões das atividades humanas. As maneiras de fazer e mesmo de ser e pensar da humanidade – em constante mutação – são alteradas pela evolução tecnológica. O primeiro aspecto a se destacar desta nova era é que esta revolução tecnológica está centrada nas tecnologias da informação e comunicação (TICs). Isso faz com que as fontes de produtividade – informação e conhecimento – sejam, ao mesmo tempo, o produto gerado, pois a finalidade do desenvolvimento tecnológico passa a estar centrado na produção de novos conhecimentos e informação.

Segundo Castells (2000), a fase informacional do capitalismo abre precedentes, por exemplo, para o processo de exclusão social. Assim, em um mundo competitivo, baseado em um modelo econômico capitalista, sobressaem-se indivíduos com melhor preparo para o desempenho das funções necessárias sob a ótica informacional.

Para Santos (1997a, p. 27), esse novo período se distingue dos demais, entre vários motivos, pelo fato de que "A tecnologia da comunicação permite inovações que aparecem, não apenas juntas e associadas, mas também para serem propagadas em conjunto. Isto é peculiar à natureza do sistema, em oposição ao que sucedia anteriormente, quando a propagação de diferentes variáveis não era necessariamente acelerada".

2.2 Principais potências emergentes do século XXI e papel do Brasil

O termo *Bric*, usado pela primeira vez em 2001, em um relatório do banco Goldman Sachs, foi cunhado pelo economista Jim O'Neill, de Nova York. É um acrônimo que se refere, respectivamente, aos países Brasil, Rússia, Índia e China. Ao cunhar o conceito de mercados emergentes, O'Neill não considerou que os países poderiam ultrapassar o PIB (produto interno bruto) das antigas potências industriais do norte em meados do século atual.

A intenção, contudo, era reunir países com desenvolvimento econômico expressivo na atualidade e que, possivelmente, superariam as maiores economias do mundo até a década de 2050. Nesse sentido, os anos iniciais do século XXI parecem confirmar as previsões do banco, pois o crescimento dos países do Bric entre

2003 e 2010 representou cerca de 40% da expansão do PIB mundial (Baumann; Damico; Abdenur, 2015).

Desde sua criação, o Bric tem expandido suas atividades em duas principais vertentes:

1. coordenação em reuniões e organismos internacionais;
2. construção de uma agenda de cooperação multissetorial entre seus membros por meio do Ministério das Relações Exteriores.

De acordo com o Ministério das Relações Exteriores, a coordenação entre Brasil, Rússia, Índia e China iniciou-se de maneira informal em 2006, com a reunião de trabalho à margem da abertura da Assembleia-Geral das Nações Unidas (Brasil, 2017d). Em 2007, o Brasil assumiu a organização do encontro e, nessa ocasião, verificou-se que o interesse em aprofundar o diálogo merecia uma reunião específica de chanceleres do então Bric (ainda sem a África do Sul).

Dessa forma, era notória a falta de um representante africano, pois, embora o continente não seja, em sua maioria, parâmetro de desenvolvimento econômico, há casos de relativo sucesso. Em abril de 2011, ocorreu a inserção da África do Sul no grupo, havendo, então, o acréscimo da letra *s* na sigla: Brics. Esse foi um enorme passo em direção ao adensamento do Brics. A composição dos países fica, portanto, com um representante da América, um da Eurásia, dois da Ásia e um da África, o que leva a crer que a representatividade geográfica é também um elemento valioso.

No Quadro 2.1, apresentamos, de forma sucinta, a realização das cúpulas do Brics e os principais temas debatidos. No ano de 2010, o Brasil foi sede da II cúpula, conhecida como *Cúpula de Brasília*.

Quadro 2.1 – Principais cúpulas do Brics e temas debatidos

Cúpula	Local	Ano	Temas debatidos
I	Ecaterimburgo, Rússia	Junho de 2009	Essa conferência contava com a adesão de somente quatro países: Rússia, Brasil, Índia e China. A adesão da África do Sul ocorreu somente em 2011. O evento aconteceu em meio a instabilidades econômicas mundiais, isto é, à crise desencadeada em 2008. Em decorrência disso, as principais temáticas debatidas entre os representantes dos países foram de ordem econômica, política e financeira, com destaque para as reformas das instituições financeiras internacionais e para a atuação do G-20 (grupo das maiores economias mundiais). Como resultado final da conferência, a Cúpula I emitiu o documento *Perspectivas para o diálogo entre Brasil, Rússia, Índia e China*.
II	Brasília, Brasil	Abril de 2010	Ao longo do ano de 2010, ocorreu um aprofundamento político entre os países-membros do Bric, em função do crescimento exponencial e das iniciativas de cooperação intra-Bric: reunião dos chefes dos institutos estatísticos e publicação de duas obras com estatísticas conjuntas dos países-membros; encontro de ministros da Agricultura do grupo; encontro de presidentes de bancos de desenvolvimento; seminário de *think tanks*; encontro de cooperativas; fórum empresarial; e II Reunião de Altos Funcionários Responsáveis por Temas de Segurança. Além da declaração de Brasília, foi emitido o Documento de Seguimento da Cooperação entre Brasil, Rússia, Índia e China.

(continua)

(Quadro 2.1 - continuação)

Cúpula	Local	Ano	Temas debatidos
III	Sanya, China	Abril de 2011	Com a entrada da África do Sul, o grupo passou a se chamar Brics. Em razão de sua relevância econômica no continente africano, sua atuação política no cenário internacional e sua representatividade geográfica, o ingresso desse país no grupo agrega importante contribuição ao mecanismo. Na ocasião, outros temas foram lançados nas áreas de saúde e ciência e tecnologia. Para um debate dos rumos da rodada de Doha, houve a realização do Encontro de Ministros do Comércio. Os países reafirmaram a necessidade de reforma da ONU, com menção, pela primeira vez, ao tema do alargamento da composição do Conselho de Segurança. Outros assuntos de igual importância foram discutidos e mencionados no documento, como condenação ao terrorismo, incentivo ao uso de energias renováveis e ao uso pacífico de energia nuclear e importância dos objetivos de desenvolvimento do milênio e da erradicação da fome e da pobreza. Aprovou-se também um plano de ação, que foi anexado à declaração, com diretrizes voltadas ao aprofundamento da cooperação existente e à exploração de novas áreas. Além de outros encontros ministeriais, o plano de ação institucionalizou a reunião de chanceleres à margem do debate geral da Assembleia-Geral da ONU.

(Quadro 2.1 - continuação)

Cúpula	Local	Ano	Temas debatidos
IV	Nova Déli, Índia	Março de 2012	Os países participantes da IV Cúpula lançaram bases para uma cooperação financeira com terceiros países, cuja finalidade era a criação do banco Brics, tendo em vista tanto o financiamento de projetos de infraestrutura quanto o desenvolvimento sustentável. Dessa forma, ficou estabelecido um grupo de trabalho que tinha como tarefa o estudo da viabilidade (ou não) da iniciativa. Outros dois acordos foram assinados entre os bancos de desenvolvimento do Brics para facilitar a concessão de créditos em moedas locais.
V	Durban, África do Sul	Março de 2013	O tema proposto nessa conferência foi "Brics e África: parceria para o desenvolvimento, integração e industrialização". O evento encerrou o primeiro ciclo de cúpulas do Brics, tendo cada país sediado uma reunião de chefes de Estado ou de governo. Os principais resultados foram positivos: negociações para a constituição do arranjo contingente de reservas, aprovação do relatório de viabilidade e factibilidade do Banco de Desenvolvimento do Brics e decisão de dar continuidade aos entendimentos para o lançamento da nova entidade; assinatura de dois acordos entre os bancos de desenvolvimento do Brics; estabelecimento do conselho empresarial do Brics; e estabelecimento do conselho de *think tanks* do Brics. Após o encerramento da cúpula, os mandatários do Brics encontraram-se com lideranças africanas, em evento sobre o tema "Liberando o potencial da África: cooperação entre Brics e África em infraestrutura".

(Quadro 2.1 – continuação)

Cúpula	Local	Ano	Temas debatidos
VI	Fortaleza, Brasil	Julho de 2014	O principal tema desse encontro, que deu início ao segundo ciclo de reuniões do mecanismo, foi "Crescimento inclusivo: soluções sustentáveis". Quatro meses antes do início do evento, ocorreram reuniões preliminares tanto do conselho quando do foro acadêmico do Brics, que foram essenciais para a organização dessa cúpula. Entre os acordos assinados, cabe ressaltar os constitutivos do Novo Banco de Desenvolvimento e do Arranjo Contingente de Reservas. Além disso, merece destaque a elaboração de memorando de entendimento para cooperação técnica entre agências de crédito e garantias às exportações do Brics, bem como o acordo entre os bancos nacionais de desenvolvimento do Brics para a cooperação em inovação.
VII	Ufá, Rússia	Julho de 2015	Os acordos constitutivos do Novo Banco de Desenvolvimento e do Arranjo Contingente de Reservas, que já haviam sido debatidos em Fortaleza no ano de 2014, foram ratificados em Ufá, na Rússia, em 2015. Outros documentos foram realizados nas reuniões iniciais com o conselho de governadores e da diretoria do banco. Foi aprovada também entre os líderes do Brics a estratégia para a parceria econômica – roteiro para a intensificação, a diversificação e o aprofundamento de trocas comerciais e de investimento entre os cinco países. Além disso, foram assinados acordos de cooperação cultural e de cooperação entre os bancos de desenvolvimento do Brics e o Novo Banco de Desenvolvimento.

(Quadro 2.1 - conclusão)

Cúpula	Local	Ano	Temas debatidos
VIII	Goa, Índia	Outubro de 2016	O objetivo da coordenação do Brics era identificar áreas de cooperação com potencial para gerar iniciativas conjuntas com resultados tangíveis. Com base nisso, alguns temas de cooperação têm se destacado, como finanças, comércio, agricultura, saúde, ciência e tecnologia, educação e combate ao terrorismo, ao tráfico de drogas e à corrupção. Entre os resultados esperados estava prevista a assinatura de memorandos de entendimento em cooperação ambiental e pesquisa agrícola entre autoridades aduaneiras e academias diplomáticas dos países do Brics.

Fonte: Elaborado com base em Brasil, 2017d.

2.2.1 Papel do Brasil no Brics: oportunidades e desafios para a inserção internacional

Ao retroceder na história, é possível perceber que as expectativas de que o Brasil se transforme em uma potência no sistema internacional não são recentes. Do século XIX, com a ideia de um império luso-tropical e a concepção de Brasil potência, até os dias atuais, com o conceito de Brics, percebe-se um permanente interesse em verificar as capacidades desenvolvidas pelo país e suas possibilidades em ocupar um lugar de destaque na política mundial.

No entanto, houve alguns obstáculos nacionais, como as limitadas capacidades tecnológicas, militares e econômicas, os resquícios do passado colonial, a posição subalterna no sistema internacional, o baixo índice educacional e, sobretudo, a desigualdade social. Tudo isso parecia reafirmar que o Brasil nunca chegaria a ter um papel proeminente no sistema internacional (Silva, 2013).

Ao se fazer alusão ao Brics, é possível indicar características que são recorrentes no debate. Para Baumann, Damico e Abdenur (2015), primeiramente, houve a criação da sigla por Jim O'Neill, economista integrante da consultoria Goldman Sachs, de Nova York. Ele procurava uma forma de sintetizar economias com boas perspectivas para negócios. Em um segundo momento, temos a constatação de que se trata de países com trajetórias históricas muito diversas, com interesses aparentemente distintos e estruturas produtivas diferenciadas. Outra questão apontada é que se enfatizam as características básicas que levaram essas economias a construir mecanismos conjuntos de atuação. Elas estão relacionadas a uma série de indicadores. Por exemplo: Brasil, Rússia, Índia e China são, com os Estados Unidos, os únicos países que apresentam, ao mesmo tempo, estas três condições, como mostram Baumann, Damico e Abdenur (2015):

1. grande dimensão geográfica, com mais de 2 milhões de quilômetros quadrados;
2. PIB nominal, em 2014, superior a US$ 2 trilhões;
3. população acima de 100 milhões de habitantes.

A posterior adesão da África do Sul está associada menos a essas características e mais à decisão geopolítica de incluir uma economia de peso do continente africano. Além dessas particularidades, esses países concentram a metade dos pobres do planeta e representam, aproximadamente, a quinta parte do PIB mundial.

Juntos, os membros do Brics "têm 42% da população e 14% do PIB mundiais e aproximadamente três quartos das reservas[10] de divisas" (Baumann; Damico; Abdenur, 2015, p. 23). Merece destaque também o fato de Brasil, Rússia, Índia, China e África do Sul pertencerem ao G-20 financeiro, considerado atualmente o fórum mais importante para a definição de governança global:

> as informações disponíveis dão conta de que os acertos que antecedem as reuniões do G20 têm sido mais intensos entre os países BRICS do que entre países localizados numa mesma região. Assim, as posições defendidas são menos identificadas como tendo um corte regional e mais um reflexo da contraposição entre "economias emergentes" e "países industrializados". Nessa dimensão, ao menos, parece haver mais peso em sua composição como pertencentes a esse grupo do que como portavozes de posições dos países das regiões de onde procedem. A possível exceção é a África do Sul, que participa de ambos os grupos como representante único do continente africano. (Baumann; Damico; Abdenur, 2015, p. 22)

A propósito, os fluxos comerciais entre os países podem ser considerados outro fator agregador. No que tange ao comércio, no entanto, o peso relativo das transformações entre os integrantes do grupo é variado (Baumann; Damico; Abdenur, 2015).

---

10. "Considerando-se as reservas, o conjunto dos cinco países dispõe, hoje, de mais de US$ 4 trilhões, mas de forma extremamente desigual: 72% desses recursos pertencem à China, 12% à Rússia, 7,5% cada ao Brasil e à Índia, e apenas 1% à África do Sul. Isso por si só já sugere parte das dificuldades de acerto quanto ao uso de recursos para socorro financeiro às economias emergentes em dificuldade" (Baumann; Damico; Abdenur, 2015, p. 23).

A dependência ao Brics é mais intensa no Brasil do que nos demais parceiros.

No caso das importações, todos os países, exceto a África do Sul (com participação de 18%), têm percentuais semelhantes ou inferiores aos do Brasil. A intensidade das transações comerciais é mais relevante para uns que para outros países desse conjunto. No caso da China, essa "dependência" não alcança 7,5% de seus fluxos comerciais. Assim, outras dimensões devem ser consideradas elementos aglutinadores das cinco economias.

Conforme estimativas apresentadas, a soma das economias do Brics, muito em breve, superará a economia dos Estados Unidos, o que soa extremamente positivo, pois, além de se tornarem potências econômicas, serão agentes ativos no processo de definição das políticas globais.

Portanto, Visentini et al. (2013) concluem:

» O Brasil busca uma ampla agenda multilateral e universalista, defendendo principalmente a multipolaridade e a democratização das instâncias decisórias internacionais, como é o caso do Conselho de Segurança da Organização das Nações Unidas (ONU).
» A revalorização dos fóruns multilaterais para o Brasil apresentar seus pontos de vista, conquistar adeptos e articular canais de interesses coletivos representa uma nova forma de inserção internacional.
» As relações bilaterais na nova matriz de política externa ganham uma mudança de enfoque, com a aproximação dos países-pivô, como África do Sul, Índia, China e Rússia, em todos os continentes.
» As relações regionais constituem um eixo essencial de inserção internacional do Brasil.

2.3 Metamorfoses tecnológicas decorrentes do capitalismo

Nos anos mais recentes, ocorreram no mundo e, concomitantemente, no Brasil mudanças significativas nas estruturas econômicas, políticas, culturais, sociais, jurídicas, ambientais e territoriais, em um processo ainda inacabado, que constitui uma tendência dominante decorrente do capitalismo, mas que apresenta impactos distintos em cada país.

Moreira (2016) faz uso do *Manifesto do partido comunista*, de Marx e Engels, para demonstrar que o capitalismo nasce e se desenvolve sob o signo da mundialização: mundializa-se ou fracassa como sistema na história. Essa mundialização se concretiza com a Segunda Revolução Industrial, elevando o fenômeno capitalista à forma do imperialismo. Já na atual virada da Segunda para a Terceira Revolução Industrial, o salto da escala se repete. A mundialização torna-se estruturalmente mais integralizada, e o capitalismo ganha a escala planetarizada da globalização. O principal questionamento do autor é se, de fato, teríamos então um ou dois conceitos: o imperialismo tendo um significado, e a globalização, outro.

Harvey (2015) acredita que a globalização existe, com esta ou aquela roupagem, há muitíssimo tempo – pelo menos, desde 1492. Esse autor também faz uso do *Manifesto do partido comunista* para analisar o fenômeno da globalização e suas consequências político-econômicas.

No entanto, a teoria sobre a globalização vem sendo indagada e discutida desde seu surgimento, nos anos 1980. Moreira (2016) indica que existem dois lados: 1. um que entende a globalização como forma de superação do fenômeno do imperialismo, espaçando-se dele, seja como estrutura, seja como escala geográfica de abrangência; 2. outro que pensa se tratar da distinção da fase do imperialismo clássico, formado por uma dominação mundial das grandes corporações empresariais e potências de Estado por meio da partilha territorial dos continentes, da fase do imperialismo atual, que, na concepção do autor, é supraterritorialmente organizado economicamente para além de um mundo dividido em centro e periferia, que é próprio do primeiro momento.

Todavia, é preciso perceber que se travam consensos e dissensos de ambos os lados.

A ascensão do capitalismo no século XIX ofereceu novas possibilidades de pensar o mundo. Com o fim dos modos de viver tradicionais, as relações com as pessoas sofreram transformações. O conhecimento científico e técnico parecia avançar de maneira rápida, e a sociedade era vista como objeto que poderia ser estudado e entendido.

Com o capitalismo e a globalização, a tecnologia é disseminada e não há dúvidas quanto à importância desta na vida econômica, social, cultural e educacional. Castells (2000) argumenta que a revolução da tecnologia da informação foi essencial para a implementação de um importante processo de reestruturação do sistema capitalista a partir da década de 1980. O autor analisa que, nesse processo, o desenvolvimento e as manifestações dessa revolução tecnológica foram moldados pelas lógicas e pelos interesses do capitalismo avançado, sem se limitarem às expressões desses interesses.

Já para Kumar (2006), na maioria das áreas, a tecnologia acabou acelerando processos iniciados algum tempo antes, facilitou a implementação de certas estratégias de administração de empresas, mudou a natureza do trabalho de muitas profissões e apressou tendências em lazer e consumo. Porém, não produziu mudança radical na maneira como as sociedades industriais são organizadas ou na direção para a qual evoluem. Os imperativos do lucro, poder e controle, na concepção do autor, parecem ser tão predominantes hoje como sempre foram na história do industrialismo capitalista. A diferença reside na faixa e na intensidade maior de suas aplicações, possibilitadas pela revolução nas comunicações, mas não por qualquer mudança nos princípios em si (Kumar, 2006).

Inúmeros teóricos se debruçaram em estudar o impacto da tecnologia[11] da informação sobre assuntos como emprego, operações do mercado de capitais e reestruturação de cidades. Ou seja, o interesse em pesquisar a tecnologia decorrente do processo capitalista e as mudanças no mundo do trabalho, além de não ser recente, abriga profissionais e teóricos de diversas áreas do conhecimento.

A modernização da tecnologia, entre outros fatores, tem gerado profundas transformações nos processos produtivos e nas estratégias de reprodução do capitalismo (Santos, 2001).

No entanto, muitos estudos confirmam que, na contemporaneidade, o capitalismo transformou, por meio de redes de informação, muitas de suas principais operações. Assim, a compactação tanto do espaço quanto do tempo viabilizada pela nova tecnologia da informação altera, de forma brusca, a velocidade e o escopo das decisões. Segundo Castells (1999), a capacidade do sistema de reagir rapidamente a mudanças também aumentou, relativamente ao

---

11. Castells (1999, p. 49) faz uso de Bell para definir o que entende por tecnologia: "uso de conhecimentos científicos para especificar as vias de se fazerem as coisas de uma maneira reproduzível". Assim, entre as tecnologias da informação, o autor inclui o conjunto convergente de tecnologias em microeletrônico, computação (*software* e *hardware*), telecomunicações, radiodifusão etc.

mesmo tempo e pela mesma razão, tornando-se mais vulnerável, dada a tendência de ampliar perturbações consideradas pequenas e transformá-las em grandes crises. Hoje, empresas alteraram muito sua dinâmica de atuação e as formas de decisão no espaço geográfico. Elas podem descentralizar-se e dispersar-se em países onde o custo da produção é menor. Contudo, as decisões de alto nível acabam nas "cidades mundiais", e as operações administrativas, ligadas ao centro por redes de comunicação, podem ocorrer virtualmente em qualquer lugar.

Para Kumar (2006, p. 192), "cidades e regiões têm agora que concorrer entre si para firmar suas posições nos fluxos globais de informação ou ficarão fora dos fenômenos mais dinâmicos. 'Pessoas vivem em cidades: o poder governa através dos fluxos' (Castells, 1989: 349)".

Cabe destacar que, nos anos 1990, com o amadurecimento da revolução das tecnologias, o processo de trabalho se transformou e foram introduzidas novas formas de divisão técnica e social do trabalho. Na mesma década, o novo paradigma informacional, associado ao surgimento da empresa em rede, estava em funcionamento e preparado para evoluir.

> Portanto sabemos que a tecnologia em si não é a causa dos procedimentos encontrados nos locais de trabalho. Decisões administrativas, sistemas de relações industriais, ambientes culturais e institucionais e políticas governamentais são fontes tão básicas das práticas de trabalho e da organização da produção que o impacto da tecnologia só pode ser entendido em uma complexa interação no bojo de um sistema social abrangendo todos esses elementos. Além disso, o processo de reestruturação capitalista deixou

marcas decisivas nas formas e nos resultados da introdução das tecnologias da informação no processo de trabalho. (Castells, 1999, p. 40)

A necessidade de um trabalhador instruído e autônomo, capaz e disposto a programar e decidir sequências inteiras de trabalho, deve-se à profunda difusão da tecnologia da informação[12] avançada em fábricas e escritórios nos mais diversos países.

Concluímos, então, que os processos de trabalho e os trabalhadores estão sendo redefinidos com a nova tecnologia da informação, assim como o emprego e a estrutura ocupacional. É inegável que um número expressivo de empregos foi criado com melhores níveis no que diz respeito à qualificação. No entanto, outras vagas estão sendo eliminadas gradualmente pela automação da indústria e de serviços; geralmente, são trabalhos não especializados o suficiente para escapar da automação. Por outro lado, a exigência de mais qualificações educacionais – gerais ou especializadas – para os cargos requalificados segrega ainda mais a força de trabalho com base na educação, que, por si só, já é altamente

---

12. No que se refere à tecnologia da informação, primeiramente, a mecanização e, depois, a automação vêm transformando o trabalho humano há décadas, sempre provocando debates semelhantes sobre questões relacionadas a demissão, "desespecialização" *versus* "reespecialização", produtividade *versus* alienação e controle administrativo *versus* autonomia dos trabalhadores. Uma consulta aos canais oficiais franceses de análise ao longo dos últimos 50 anos revela que George Friedman criticou o trabalho fragmentado da fábrica taylorista; Pierre Naville denunciou a alienação dos trabalhadores na mecanização; Alain Touraine, com base em seu estudo sociológico pioneiro, no final dos anos 1940, sobre a transformação tecnológica das fábricas da Renault, propôs sua tipologia dos processos de trabalho como A/B/C (artesanal, linha de montagem e trabalho de inovação); Serge Mallet anunciou o nascimento de uma nova classe trabalhadora, enfocada na capacidade de gerenciar e operar tecnologia avançada; e Benjamin Coriat analisou o surgimento de um modelo pós-fordista no processo de trabalho, com base na união de flexibilidade e integração em um novo modelo de relações entre produção e consumo (Castells, 1999).

segregada, porque corresponde institucionalmente a uma estrutura residencial segregada (Castells, 1999).

Para Sassen (2008), os setores de serviços financeiros, de *marketing* e de alta tecnologia estão colhendo lucros bem maiores do que jamais renderam os setores econômicos tradicionais. Assim, com a escalada contínua dos salários e das bonificações das áreas mais especializadas das camadas ricas, caem os salários dos trabalhadores empregados em serviços considerados de segunda categoria, como segurança, limpeza e secretaria. Verificam-se a valorização do trabalho que está na dianteira da nova economia global e a crescente desvalorização do trabalho que se desenrola nos bastidores. Nos países em desenvolvimento, a situação se agrava em uma proporção ainda maior.

Na concepção desse mesmo autor, a mão de obra desvalorizada, em particular nos cargos iniciais de uma nova geração de trabalhadores formada por mulheres, minorias étnicas, imigrantes e jovens, está concentrada em atividades de baixa qualificação e que são malpagas, bem como no trabalho temporário ou em serviços diversos. A divisão resultante dos padrões de trabalho e a polarização da mão de obra não são necessariamente consequências do progresso tecnológico ou de tendências evolucionárias inexoráveis.

A mão de obra é determinada socialmente e projetada administrativamente no processo de reestruturação capitalista que ocorre em nível de chão de fábrica, dentro da estrutura e com a ajuda do processo de transformação tecnológica, principal aspecto do paradigma informacional. Nessas condições, o trabalho, o emprego e as profissões são transformados, e o próprio conceito de trabalho ou de jornada de trabalho pode passar por mudanças definitivas.

Com base em Castells (1999), é possível problematizar a temática proposta: Será que os efeitos da tecnologia da informação sobre o mercado de trabalho estão nos levando a uma sociedade sem empregos? Destarte, o debate sobre a problemática não é recente, em que a difusão da tecnologia da informação em fábricas, escritórios e serviços não deixa de ser um temor centenário dos trabalhadores de serem substituídos por máquinas e de se tornarem impertinentes à lógica produtivista que ainda domina nossa organização social. Ao mesmo tempo, está longe de gerar uma resposta objetiva. A própria experiência nos mostra que há uma transferência de um tipo de atividade por outro à medida que o progresso tecnológico substitui o trabalho por ferramentas mais eficientes de produção.

2.4 Capitalismo e desigualdades sociais

A nova fase de expansão do capitalismo, inaugurada na segunda metade da década de 1980, estabeleceu mudanças significativas em todos os setores da sociedade, em âmbito mundial. Dessa maneira, modificou as estruturas econômicas, políticas e sociais e impactou sobre as diversas escalas geográficas, estabelecendo, sob os preceitos ideológicos do neoliberalismo, o fortalecimento do capital financeiro e especulativo perante o capital produtivo e facilitando o livre jogo do mercado e da acumulação do capital.

> Do ponto de vista político, a última década do século XX evidenciou a força do neoliberalismo graças

à aplicação [...] do Consenso de Washington[13] nos rígidos princípios de estabilidade macroeconômica, abertura da economia, redução do papel do estado e ajuste estrutural. Inúmeras foram as transformações territoriais no Brasil e nos demais países latino-americanos. A construção de grandes infraestruturas e a participação no mercado externo foram acompanhadas pelas promessas de tirar os países do marasmo, embora a pobreza não parasse de aumentar. O território era apresentado como arena de vetores externos, com a respectiva inviabilização do Estado no discurso, apesar de sua presença na dinâmica econômica e territorial. Nunca antes tão eficaz, a associação simbólica entre a divisão territorial do trabalho hegemônica e o território nacional revelava o poder imensurável das grandes empresas. (Silveira, 2011, p. 152)

O balanço que se extrai dos sucessivos governos neoliberais nos permite apontar que o capitalismo tem acentuado e, até mesmo, gerado desigualdades sociais. Assim, para Moreira (2016), um estado de incerteza assalta essa virada do século XX para o XXI. Dessa forma, o modelo econômico capitalista trouxe em seu bojo

---

13. "Em novembro de 1989, reuniram-se na capital dos Estados Unidos funcionários do governo norte-americano e dos organismos financeiros internacionais ali sediados – FMI, Banco Mundial e BID – especializados em assuntos latino-americanos. O objetivo do encontro, convocado pelo Institute for International Economics, sob o título 'Latin American Adjustment: How Much Has Happened?', era proceder a uma avaliação das reformas econômicas empreendidas nos países da região. Para relatar a experiência de seus países também estiveram presentes diversos economistas latino-americanos. Às conclusões dessa reunião é que se daria, subsequentemente, a denominação informal de 'Consenso de Washington'" (Batista, 1994, p. 5).

consequências observadas e sentidas tanto nos países capitalistas quanto nos em desenvolvimento, em maior grau, como o Brasil. Silveira (2005) lança o seguinte questionamento: Por que há tantas desigualdades sociais no Brasil?

Assim, cada momento da história pode ser reconhecido por uma feição do território ou, em outras palavras, pela existência de um sistema de infraestruturas e uma organização da vida política, econômica e social (Silveira, citada por Albuquerque, 2005). Ainda para a autora, a história de uma nação pode ser contada pelo sucesso das infraestruturas ligadas à produção e à circulação, que podem ser chamadas de *configurações políticas, industriais, financeiras e sociais*.

Uma das características do território brasileiro é sua grande extensão e, consequentemente, a enorme variedade de sistemas naturais sobre os quais a história foi se fazendo de um modo bem diferenciado. Assim, a ocupação desse território, durante praticamente três longos séculos, ocorreu com o uso da técnica de forma limitada, sendo o corpo do homem o principal instrumento. De certo modo, a ocupação primeira do território se deu com a cultura da cana-de-açúcar, seguida do fumo e de produtos alimentícios e, posteriormente, do algodão nos agrestes nordestinos. Cada um dos ciclos econômicos conduziu para certa organização do território, em que a natureza do produto influenciava essa condução, sobretudo quando se tratava de um produto de exportação (Furtado, 1959). Já o ciclo da mineração e a criação do gado foram os grandes responsáveis pela interiorização do povoamento no país.

Seguindo a mesma linha de pensamento de Furtado, Silveira (2005) argumenta que, durante séculos, o território brasileiro, principalmente em áreas do Nordeste, conheceu uma produção fundada muito mais no trabalho direto e concreto do homem do que na incorporação de grandes sistemas de infraestrutura à natureza. A pobreza estava ligada especialmente à seleção que a própria natureza fazia das produções e das formas de domesticá-las. Coincidindo com o meio natural ou com as sazonalidades da incipiente produção, a pobreza não significava realmente uma exclusão social.

Com a mecanização da produção e do território, Silveira (2005) alega que o crescimento das cidades foi desigual, em virtude das oscilações das economias regionais ou de seu papel político. Dominando uma vasta extensão do território, cada cidade desenhava verdadeiros circuitos interiores e, com isso, a expansão do sistema de circulação e das áreas de produção agrícola para exportação reforçou o crescimento do emprego, principalmente nas áreas próximas ao litoral. Nos dizeres da autora, a pobreza, cuja face era sobretudo rural, vinculava-se mormente a uma estrutura de propriedade injusta.

No Brasil, com o alvorecer da industrialização e a imigração, os estados obtiveram formas de trabalho e de povoamento diferenciadas. A imigração beneficiou as regiões para onde se dirigia o fluxo de pessoas, tendo em vista que os grupos de imigrantes eram portadores de tecnologia industrial e constituíam mão de obra qualificada, com o objetivo de reproduzir no Brasil um modelo que haviam obtido nos países de origem.

Com o sólido processo de industrialização que foi posto em marcha, sobretudo na cidade de São Paulo, o Brasil revelou grande parte de suas carências, principalmente na área do transporte, e uma enorme demanda para a integração nacional. Isso propiciou o surgimento de inúmeras cidades no interior do país e, consequentemente, expansão do consumo e da demanda de serviços, necessidade de integrar os centros regionais às metrópoles, aumento da urbanização, crescimento populacional etc. Dessa forma, Silveira (2005) informa que se criavam, então, as condições de formação do que é hoje a região polarizada do país. Foi um momento preliminar da integração territorial, marcado pela integração regional do Sudeste e do Sul. Contudo, de certo modo, permaneciam muitas das velhas estruturas sociais. Isso se explica nomeadamente em relação ao campo, onde havia, na década de 1960, uma grande concentração de terras. Tal estrutura da propriedade favorecia, ao mesmo tempo, a persistência da pobreza e o abandono do campo, gerando um excedente cada vez maior de população nas áreas urbanas e um aumento exponencial do subemprego.

Nas décadas de 1950 e 1960, ocorreu uma revolução dos transportes, seguida, nos anos 1970, por uma revolução das telecomunicações, com as perspectivas abertas pela revolução técnico-científico-informacional.

> A ideologia de racionalidade e modernização a qualquer preço ultrapassa o domínio industrial, impõe-se ao setor público e invade áreas até então não tocadas ou alcançadas só indiretamente, como, por exemplo, a manipulação da mídia, a organização e o conteúdo do ensino em todos os seus graus, a profissionalização e as relações de trabalho. (Silveira, 2005, p. 152)

Assim, há uma exigência cada vez maior no que tange à qualificação profissional, em virtude das transformações das bases materiais e sociais do território brasileiro; do aumento de instituições de ensino particulares; e de uma difusão tanto geográfica quanto social do ensino superior, embora agora regulado pelas leis do mercado.

Dada essa configuração, agravam-se o atraso e as disparidades sociais, nomeadamente com a imposição de um modelo de consumo norte-americano, que, com seu padrão de produção, torna a nação mais pobre. Isso porque, ainda que os valores absolutos da renda pudessem aumentar, crescia o desamparo social produzido pelo poder público e pelas dependências tecnológica, organizacional e financeira (Silveira, 2005).

Em razão do apelo publicitário, espalhava-se por toda a sociedade e pelo território a promessa de consumo, de modo que os pobres já não podiam ser definidos como excluídos[14] de tal consumo nem o fato de consumir era prova de inclusão social. Diante desse contexto, a pobreza torna-se relativa e quantificável. Somadas, pobreza e miséria passam a ser objetivo de programas específicos ou alvo da aplicação de ações isoladas, com políticas desenvolvimentistas seguidas de discursos que denunciavam uma drenagem de regiões pobres para regiões ricas (o caso da implantação da Sudene[15]).

As regiões Sudeste e Sul continuavam com seu dinamismo econômico, ao mesmo tempo que ocorria um esvaziamento tanto demográfico quanto econômico das áreas periféricas, o qual perdurou até o final da década de 1970. A diminuição da atividade econômica em todo o Brasil parecia uma ameaça ao modelo posto, havendo a necessidade de investimentos públicos e recursos para promover a exportação, além de uma política social menos

---

14. "Excluído é uma vítima, um mais ou menos marginal infeliz, uma anomalia de certa forma, enquanto o expulso é uma consequência direta do funcionamento atual do capitalismo. Ele pode ser uma pessoa ou uma categoria social, como o excluído, mas também um espaço, um ecossistema, uma região inteira" (Sassen, 2008).
15. Você pode consultar mais informações em: BRASIL. Ministério da Integração Nacional. **Sudene** - Superintendência do Desenvolvimento do Nordeste. Disponível em: <http://www.sudene.gov.br>. Acesso em: 25 jun. 2018.

generosa. O resultado foram empréstimos volumosos para a realização de grandes projetos e o endividamento presente até hoje.

Com a transformação dos minérios e a necessidade de se produzir petróleo, surgiu uma nova divisão territorial do trabalho. Juntamente, ocorreu a implantação de polos petroquímicos e de programas que mudaram a geografia do interior do estado de São Paulo, em virtude do ingresso maciço da cultura da cana-de-açúcar. A agricultura também não ficou imune às inúmeras transformações que estavam ocorrendo no país na década de 1970. Adveio uma modernização no desenvolvimento do capitalismo agrário, na expansão das fronteiras agrícolas e na intensificação dos movimentos de trabalhadores volantes – os boias-frias. Porém, os conflitos no campo não foram solucionados.

Além das transformações citadas anteriormente, outros elementos foram sendo incorporados, como o aumento significativo do número e do poder das firmas estrangeiras, para as quais tudo era (e ainda é) facilitado no que se refere à circulação dentro do país, com tendência à concentração e à centralização econômica, geográfica e de renda. Não há como negar que as disparidades regionais, as desigualdades de renda e o empobrecimento daqueles que já eram pobres também se tornaram realidade no território brasileiro.

A partir da década de 1970, ampliou-se a participação do país na globalização das telecomunicações, graças à implantação do sistema básico. O território ganha novos conteúdos, impondo-se novos comportamentos. As empresas mais poderosas escolhem pontos que consideram instrumentais para sua existência produtiva, deixando as com menor poder de competição no restante do território. Para Silveira (2005), é uma modalidade de exercício do poder. Com a revolução das telecomunicações, da informática e da informação, surgem novas necessidades produtivas e novas formas de se dividir social e territorialmente o trabalho. Aumentam as necessidades de cooperação, criando-se novas profissões e rejeitando-se as antigas, ao passo que volumosos contingentes são condenados ao desemprego, gerando desigualdades e exclusão sociais. O autor ainda conclui que o Estado neoliberal cria uma concentração e uma dispersão combinada. Os últimos anos do século XX foram emblemáticos, porque neles se realizaram grandes concentrações e fusões tanto na órbita da produção quanto na das finanças e na da informação. Esse movimento marca um ápice do sistema capitalista (Santos, 2015).

Para Castells (2000), as formas de desigualdade social são inúmeras, mas, em um mundo mais competitivo, sobressaem-se os indivíduos com melhor preparo para o desempenho das funções necessárias sob a nova ótica informacional. Na análise do autor, aqueles que não têm instrumentos para se adequar às exigências de padronização profissional do informacionalismo acabam ficando de fora dos processos de produção social e, consequentemente, à margem da obtenção de bens e serviços.

Assim, as desigualdades sociais geram exclusão social[16]. A complexidade técnica das atividades vinculadas ao processamento de informações, estando este atrelado ao aumento da competitividade e da exclusão social, é mais uma característica do informacionalismo.

Outra forma produtora de pobreza e de dívidas sociais ocorre com a divisão do trabalho, que resulta do neoliberalismo e da globalização, pois essa divisão, em nosso país, tem papel ativo na desvalorização dos lugares que não perfazem tais necessidades.

---

16. Para Castells (2000, p. 98), a exclusão social pode ser definida como "Um processo pelo qual determinados grupos e indivíduos são sistematicamente impedidos do acesso a posições que lhes permitiriam uma existência autônoma dentro dos padrões sociais determinados por instituições e valores inseridos em um dado contexto".

Daí advêm mecanismos de exclusão e de produção da pobreza. Para Santos (1998), os processos de globalização e fragmentação implicam territórios diversos, que se constituem, especialmente no final do século XX, em geografias da desigualdade.

Além do setor de comunicação, outro fator que contribui de forma significativa para as desigualdades sociais no território brasileiro diz respeito à saúde. O neoliberalismo acaba por punir as populações mais pobres e isoladas, mais dispersas e distantes dos grandes centros urbanos e dos centros tidos como produtivos (Silveira, 2005). Ao passo que o setor público pode se instalar nos lugares e esperar pela demanda, o setor privado tende a alojar-se nas regiões onde a demanda e a infraestrutura geralmente já existem.

Hobsbawm (2007, p. 11) expõe que

> A globalização acompanhada de mercados livres, atualmente tão em voga, trouxe consigo uma dramática acentuação das desigualdades econômicas e sociais no interior das nações e entre elas. Não há indícios de que essa polarização não esteja prosseguindo dentro dos países, apesar de uma diminuição geral da pobreza extrema. Este surto de desigualdade, especialmente em condições de extrema instabilidade econômica como as que se criaram com os mercados livres globais desde a década de 1990, está na base das importantes tensões sociais e políticas do novo século. [...] o impacto dessa globalização é mais sensível para os que menos se beneficiam dela.

Furtado (1998) pontua que o capitalismo financeiro é uma manifestação intensa da realidade imposta pelo capitalismo global, mas com importância expressiva nos sistemas de produção. Entretanto, o desenvolvimento dessa fase do capitalismo desencadeia várias restrições, por exemplo, "a globalização em escala planetária das atividades produtivas leva necessariamente a grande concentração de renda, contrapartida do processo de exclusão social" (Furtado, 1998, p. 33), além de uma crescente vulnerabilidade externa. Nessa perspectiva, com o aumento da internacionalização dos circuitos financeiros, tecnológicos e econômicos, os sistemas econômicos dos países ficam debilitados, limitando o poder de ação dos Estados nacionais na solução de seus problemas de forma geral. Já na concepção de Chesnais (1995), a economia global é excludente, pois é dirigida pelo movimento do capital e nada mais.

Ainda de acordo com Furtado (1998), o amplo desafio dessa fase atual do capitalismo é reduzir os problemas causados pela perda de comando, com políticas que levem em consideração as especificidades dos países. "Os novos desafios, portanto, são de caráter social, e não basicamente econômico, como ocorreu na fase anterior do desenvolvimento do capitalismo. A imaginação política terá assim que passar ao primeiro plano" (Furtado, 1998, p. 33).

Conforme dados do Programa das Nações Unidas para o Desenvolvimento (Pnud), o maior produtor de desigualdades sociais e regionais é o sistema capitalista de produção, na medida em que é concentrador de renda. Esse fato pode ser comprovado em um relatório do Pnud (2010) referente à distribuição de renda na América Latina, considerada a região mais desigual do mundo.

Porém, alguns dados são animadores. O Instituto de Pesquisas Econômicas Aplicadas (Ipea) divulgou um relatório apresentando que a desigualdade de renda no Brasil caiu continuamente entre 2001 e 2011 (Brasil, 2012). O instituto ainda conclui que, nesse mesmo período, a desigualdade teve uma queda de 55%, independentemente da linha de pobreza analisada e da medida utilizada – entre os itens medidos estavam a pobreza e a extrema pobreza, com ambas mantendo uma trajetória decrescente contínua. As reduções dos níveis de desigualdade e de pobreza extrema merecem ser saudadas, pois representam a ampliação de possibilidades reais de vida para grandes parcelas populacionais no Brasil e, quiçá, em outros países da América Latina.

Por outro lado, alguns teóricos defendem que, com o modelo econômico capitalista, o neoliberalismo e, consequentemente, a implantação do Consenso de Washington, as lutas das organizações sociais se fortaleceram e outras surgiram com o objetivo de combater as propostas neoliberais aplicadas na América Latina.

Síntese

No decorrer deste capítulo, demonstramos a evolução do capitalismo em suas diferentes fases, determinando as mais profundas alterações e transformações no espaço geográfico mundial. Assim, o ápice do processo de internacionalização do mundo capitalista é a globalização, em que a ordem mundial globalizada vem acompanhada de uma reordenação política e econômica das relações e forças de produção vigentes. No entanto, nos últimos anos, o Brasil ampliou significativamente sua área de influência e sua projeção internacional. Exemplo disso é o Brics. O Brasil, como um dos países envolvidos, tem muitos desafios diante da inserção internacional. Dessa forma, há elementos para justificar tanto posições otimistas com relação à consolidação do grupo quanto argumentos para questionar essa possibilidade.

A globalização, acompanhada de mercados livres, provocou a acentuação tanto das desigualdades sociais quanto das econômicas, que são fruto de diversas vulnerabilidades. Guimarães (2005) discorre sobre as vulnerabilidades culturais, políticas, militares, econômicas, sociais etc., destacando que alguns desafios nacionais precisam ser vencidos. Entre os mais urgentes estão a superação da estagnação monetária e livre-cambista e a formulação de uma política decidida de reconstrução da sociedade brasileira sobre as dificuldades herdadas da era neoliberal, como o desemprego, a concentração de renda, os enormes déficits internos e externos e a desestruturação do Estado.

Todavia, é necessário entender que, tanto no Brasil quanto no restante da América Latina, apesar da grande evolução, ainda são perceptíveis os processos de desigualdade e exclusão social, os quais, conforme Sen (2010), são modos de privação da liberdade, em razão dos movimentos que afetam profundamente a dinâmica e a forma da economia mundial, entre eles a globalização.

Indicações culturais

Filmes

CAPITALISMO: uma história de amor. Direção: Michael Moore. EUA, 2009. 127 min. Documentário.

Esse documentário, que tem como âncora a crise americana de 2008, faz uma retrospectiva das raízes da crise financeira global e, também, das falcatruas de cunhos político e econômico.

TEMPOS modernos. Direção: Charles Chaplin. EUA, 1936. 83 min.

Esse filme retrata a época da Revolução Industrial, momento em que ocorreu a passagem da produção artesanal para a produção em série. Seu famoso personagem, "O Vagabundo", tenta sobreviver no mundo moderno e industrializado. A obra apresenta uma forte crítica ao capitalismo e aos maus-tratos que os empregados passaram a receber durante a Revolução Industrial.

Livro

SEN, A. **Desenvolvimento como liberdade**. São Paulo: Companhia das Letras, 2010.

O autor dessa obra se propõe a ir além dos limites tidos como convencionais da ciência econômica e proporciona uma visão alternativa, tendo como espinha dorsal a convicção de que a promoção do bem-estar (o que se quer, afinal, com o desenvolvimento) deve orientar-se por um questionamento sobre onde está o valor próprio da vida humana. Apresenta ainda males sociais que acabam não permitindo que as pessoas vivam minimamente bem: pobreza extrema, fome coletiva, subnutrição, destituição e marginalização social, privação de direitos básicos, carência de oportunidades, opressão e insegurança econômica, política e social, entre outros. Na concepção de Sen, o desenvolvimento é essencialmente um processo de expansão das liberdades reais que as pessoas desfrutam.

Atividades de autoavaliação

1. O capitalismo alcança sua fase informacional-global com a revolução técnico-científica ou informacional, conhecida também como *Terceira Revolução Industrial*. Isso ocorre a partir dos anos 1970 (tendo o Japão como ponto de partida e difusão), com a expansão de empresas multinacionais e diversas tecnologias no espaço mundial (Moreira, 2016).
Sobre esse trecho, é correto afirmar:
   a) O início da revolução técnico-científico-informacional tem como característica o desenvolvimento de novas técnicas de produção de mercadorias e uma nova forma de divisão social do trabalho.
   b) A característica mais importante dessa etapa do desenvolvimento capitalista é a sociedade do consumo de massa fordista, quando se mudam a natureza e o formato dos arranjos de espaço, diminuindo as desigualdades econômica e social entre as nações.
   c) É um período conhecido pela igualdade competitiva entre empresas de países pobres e ricos. Nessa fase do capitalismo, ocorre uma verdadeira "guerra" nas bolsas de valores e de mercados futuros em diversos países e, também, em outros setores econômicos.
   d) No capitalismo globalizado, ocorre uma intensificação dos fluxos comerciais no espaço mundial de forma harmônica. O transporte das mercadorias é realizado por meio de navios, trens, caminhões e aviões, os quais circulam por modernas e intricadas redes que cobrem amplas extensões da superfície terrestre.

e) Nessa fase do capitalismo, os países tornam-se cada vez mais vulneráveis aos interesses dos grandes grupos econômicos e das grandes corporações internacionais, em virtude da associação de características importantes do processo de globalização, como crescente circulação de capitais, mercadorias, informações e pessoas.

2. Sobre o capitalismo industrial, leia as sentenças a seguir.
   I. O trabalho tornou-se mercadoria. Aquele que não tinha meios de produção nem capital vendia sua força de trabalho.
   II. Foi nesse período que se desenvolveram os bancos, as corretoras de valores e os grandes grupos empresariais.
   III. Nessa etapa, muitas das antigas colônias da América conseguiram sua independência.
   IV. Foi o período das Grandes Navegações ou dos Descobrimentos, quando novas terras, principalmente do continente americano, ou "novo mundo", passaram a fazer parte do até então conhecido "velho mundo".
   V. As regras das relações lançadas entre metrópoles e colônias foram estabelecidas pelo Pacto Colonial.

   Estão corretas apenas as afirmativas:
   a) I e III.
   b) III e IV.
   c) I, II e V.
   d) II e IV.

e) II e V.

3. Observe o mapa-múndi.

Os países hachurados no mapa:
a) priorizam a energia nuclear como matriz energética e, por esse motivo, investem no enriquecimento de urânio para abastecer suas usinas.
b) são os maiores exportadores de produtos primários, como arroz, milho, trigo e soja, em razão de seu solo extremamente fecundo.
c) formam o bloco econômico da Organização dos Países Exportadores de Petróleo (Opep), que visa coordenar a política petrolífera dos países-membros, de modo a restringir a oferta de petróleo no mercado internacional.
d) compõem o bloco denominado *G7*, que se caracteriza pela aceleração da industrialização e pela crise econômica.

e) formam o Brics, conjunto de países emergentes com características comuns, por exemplo, relevante crescimento econômico.

4. Leia o trecho a seguir.

> O capitalismo se baseia na relação entre trabalho assalariado e capital, mais exatamente na valorização do capital através da mais-valia extorquida ao trabalhador. Ou melhor, o trabalho perde o seu valor logo que entra no mercado das mercadorias capitalistas, tornando-se ele mesmo mercadoria.

O teórico responsável por essa frase é:
a) Max Weber.
b) Werner Sombart.
c) David Harvey.
d) Karl Marx.
e) Ulrich Beck.

5. Para Marx, o capitalismo baseia-se na relação entre trabalho assalariado e capital, mais especificamente na produção do capital por meio da expropriação do valor do trabalho do proletário pelos donos dos meios de produção. A esse fenômeno Marx deu o nome de:
a) neoliberalismo.
b) mais-valia.
c) socialismo.
d) globalização.
e) mercantilismo.

Atividades de aprendizagem

Questões para reflexão

1. De acordo com Castells (1999), nos últimos 50 anos, presenciaram-se gigantescos passos na ciência e no desenvolvimento de tecnologias digitais. Tais avanços foram moldados e tiveram um papel crucial nos desenvolvimentos econômico, social e político em esfera global.
   Com base nesse texto, reflita sobre as questões a seguir.
   a) As TICs ampliaram exponencialmente a quantidade de informações, mas isso não significou aumento do conhecimento. Dessa maneira, o meio digital se transforma em mais um canal de exclusão daqueles que já são marginalizados? Isso ocorre em seu município?
   b) O desenvolvimento tecnológico alterou a relação das sociedades com seus espaços geográficos?

2. A globalização refere-se à aceleração do processo de internacionalização econômica, promovendo inter-relações entre as diferentes partes do mundo. Os modernos meios de comunicação e de transportes diminuem a distância física entre os lugares e, assim, o planeta parece ficar cada vez menor. Quais seriam os efeitos negativos dessa interdependência? Como a globalização afeta seu dia a dia, tanto no ambiente de trabalho quanto em suas relações interpessoais?

Atividade aplicada: prática

1. O documentário *Capitalismo: uma história de amor*, de Michael Moore (2009), tem como âncora a crise americana de 2008. Apresenta as raízes da crise financeira global e as falcatruas políticas e econômicas que culminaram no que o diretor descreve como "o maior roubo da história dos EUA": a transferência de dinheiro dos contribuintes para instituições financeiras privadas.

    Com base no conteúdo apresentado no capítulo, analise os principais elementos econômicos presentes no documentário com relação aos acontecimentos atuais nos Estados Unidos.

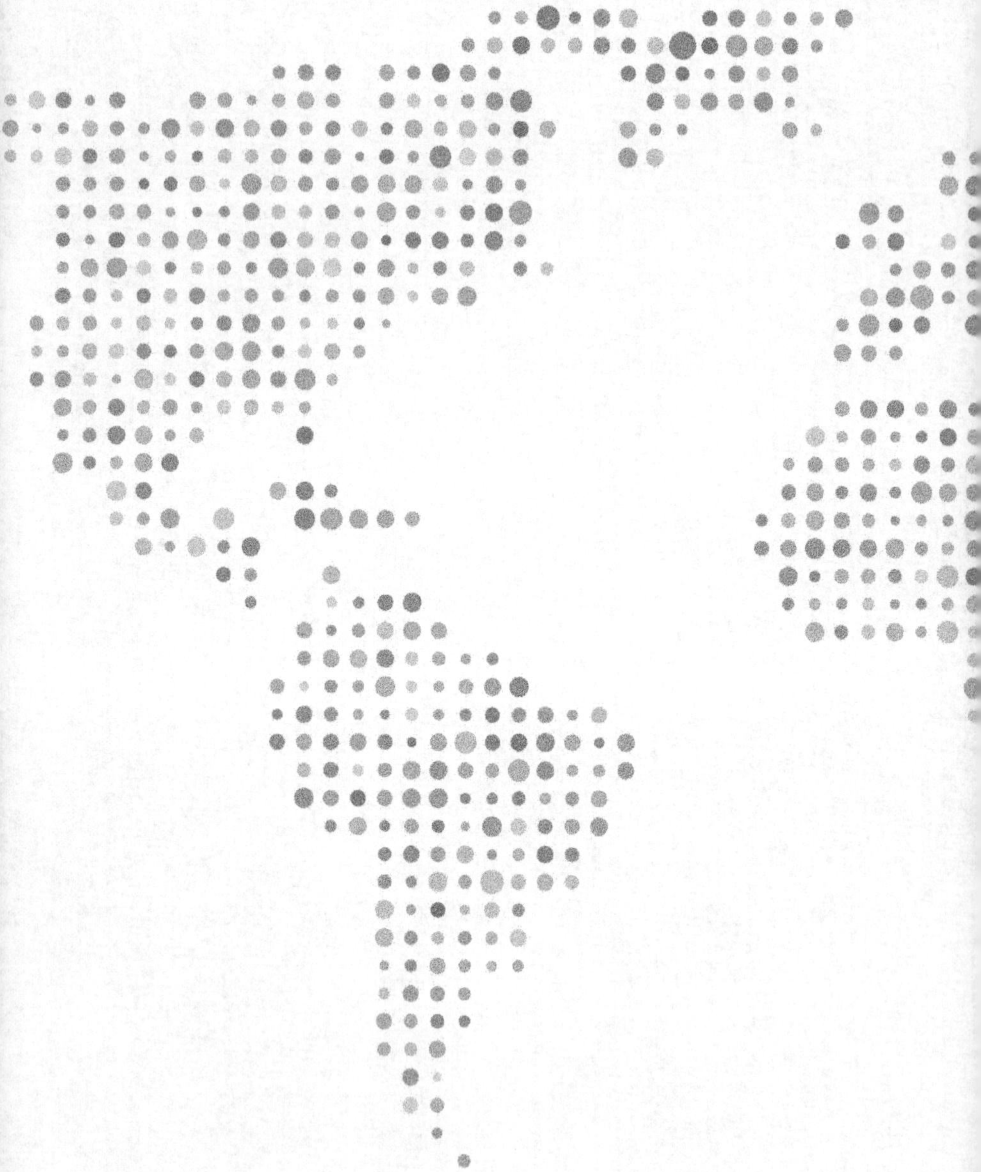

3
Geografia econômica da América Latina

Neste capítulo, temos dois objetivos. O primeiro é analisar alguns conceitos importantes e contemporâneos que são de interesse da geografia, como sustentabilidade, desenvolvimento sustentável e cadeia global de valor. Porém, a análise não é baseada apenas em um recorte analítico e epistemológico mais recente da história da evolução da ciência geográfica. Por isso, os conceitos de escala e paisagem também fazem parte da discussão que pretendemos desenvolver.

O segundo objetivo consiste em examinar a geografia da América Latina e, a partir disso, estabelecer relações entre o Brasil e os demais países dessa macrorregião, com enfoque nas atividades econômicas e nas relações de comércio internacional. Portanto, propomos outras discussões acerca da própria definição de uma geografia da América Latina, bem como da especificidade da geografia econômica, uma vez que enfatizamos o papel das atividades econômicas na produção dos espaços brasileiro e latino-americano.

3.1 Breves considerações conceituais

Vamos iniciar a seção com uma breve discussão acerca da definição de geografia econômica, para, depois, tratarmos da macrorregião da América Latina. A geografia econômica é uma das disciplinas de vanguarda da geografia. O uso do rigor científico, da matemática e da estatística está presente em análises conduzidas no âmbito desse segmento da ciência geográfica.

Contudo, para alguns economistas, a geografia econômica não é um ramo do conhecimento geográfico, mas da economia (Krugman, 1991). É como se tratássemos de uma economia geográfica em vez de uma geografia econômica. Como você deve saber, a geografia nunca ignorou toda uma construção empírica, didática e epistemológica envolvendo análises geográficas e, também, econômicas sobre a interação entre economia e espaço.

O economista Paul Krugman (1991, p. 1) define a geografia econômica como um ramo do conhecimento científico que "trata da localização da produção no espaço", perspectiva essa que consideramos importante, uma vez que a produção exerce um papel fundamental na atividade econômica e na transformação do espaço geográfico. Porém, distribuição e consumo também são partes integrantes e essenciais no processo de circulação do capital.

O autor reconhece essa importância, pois considera que a produção de uma mercadoria pode ocorrer em diversas localidades e, conforme o caso, envolver uma quantidade significativa de países localizados em continentes distintos. Por isso, suas análises trazem relações comerciais entre países, muitas vezes apresentadas e discutidas por meio de modelos matemáticos.

Nesse contexto, cadeias globais de valor (CGVs) e redes globais de produção (RGPs) são conceitos contemporâneos a serem considerados pela geografia, pois abordam a relevância de diversos nós envolvendo a realização de atividades econômicas no espaço. Para Alves (2016, p. 33), as conexões em uma CGV podem ocorrer "desde a concepção do produto, passando pelo design, pela adição de matérias-primas e insumos intermediários, pelo marketing, pela distribuição, consumo e pós-venda, até a adequada destinação final de resíduos indesejados".

Em todas essas etapas ou fases pelas quais o produto pode passar, diversas localidades estão envolvidas e integradas na dinâmica operacional das empresas. Cada localidade é dotada de um ou mais atributos ou funções que podem permitir às empresas conquistar maior vantagem competitiva. Afinal, as atividades econômicas não são realizadas em certo lugar sem que tenham sido analisados os atributos locais e adotados critérios para escolher determinada localização.

Em estudos elementares de geografia, é geralmente apresentada a noção de espaço geográfico, dotado de, no mínimo, dois elementos: natureza e sociedade. Por meio dessa noção, é possível compreender a influência indissociável que ambas exercem no futuro e na riqueza das nações. De acordo com Santos (2003, p. 20), "é através do processo de produção que o homem transforma a natureza a fim de garantir sua sobrevivência ou de aumentar sua riqueza. Portanto, a economia se realiza no espaço e não pode ser entendida fora desse quadro de referência".

Para Johnston et al. (2000, p. 195), geografia econômica é a "geografia da luta das pessoas para ganhar a vida" e pode ser, simultaneamente, um campo de investigação e "práticas substantivas, ou seja, as geografias que são criadas e destruídas nas lutas para se construir e reconstruir os circuitos de capital no tempo e no espaço".

Já Aoyama, Murphy e Hanson (2011, p. 1) argumentam que uma das preocupações centrais dos geógrafos economistas consiste em explicar "as causas e consequências do desenvolvimento desigual dentro e entre regiões". Para esses autores, o objetivo primordial dessa disciplina tem sido "oferecer explicações multifacetadas para os processos econômicos manifestados em territórios que podem ser de diversas escalas".

Apresentando uma perspectiva alternativa e não necessariamente discordante das expostas anteriormente, Alves (2015, p. 83) afirma que a geografia econômica é um ramo que se preocupa em "analisar, compreender e explicar a organização espacial das atividades econômicas à luz da geografia e de seus conceitos e técnicas".

Como disciplina, a geografia econômica estuda a localização e a concentração espacial dos fenômenos econômicos, os elementos e os agentes econômicos conectados no espaço e a interação entre lugares, bem como de que maneira tudo isso gera implicações na produção e na transformação do espaço geográfico.

Outro conceito importante na análise é o de paisagem. Podemos partir de uma noção bastante elementar de paisagem: aquela que retrata o que se pode observar imediatamente no espaço geográfico, como se fosse uma pintura, um desenho ou uma fotografia que reproduz determinada imagem. Trata-se "daquilo que nós vemos, o que a nossa visão alcança" (Santos, 1997b, p. 61). Para esse autor, a paisagem "não é formada apenas de volumes ou formas, mas também de cores, movimentos, odores, sons etc." (Santos, 1997b, p. 61).

No contexto dessa análise, o conceito também se refere às atividades econômicas que são capazes de produzir e transformar determinada paisagem, como a produção de soja ou de minérios de ferro. Já as montadoras de automóveis, os centros industriais, os corações financeiros e os polos tecnológicos, por exemplo, estão localizados em pontos estratégicos dos territórios. De acordo com Scott (2001, p. 11), podem estar em regiões que funcionam como "nós espaciais da economia mundial".

Nesses lugares, certamente seria possível imaginar uma paisagem que revelasse uma diversidade de interações, objetos, ações e movimentos transformando-se ao longo do tempo. Considerando a indústria automobilística no Brasil, por exemplo, quais regiões ou unidades federativas têm paisagens que nos remeteriam a grandes centros ou complexos industriais desse setor? São Paulo e a região do ABC paulista? Mas o que a paisagem poderia nos revelar nesse contexto acerca de Manaus, capital do Amazonas, ou de São José dos Pinhais, na região metropolitana de Curitiba?

Alberto César Araújo/Futura Press

Ampliando a escala de análise, o que poderíamos afirmar acerca de Detroit, no estado de Michigan, nos Estados Unidos? Sua paisagem permanece com características semelhantes às do início do século XX? Houve mudanças? Quais? Onde, quando e por que aconteceram? Caso tenha havido modificações, elas podem ocorrer em outros lugares de maneira similar?

As respostas para muitos desses questionamentos podem ser encontradas no processo de produção e transformação da paisagem. Por isso, a paisagem é um conceito importante para a compreensão das transformações do espaço geográfico ao longo do tempo. Outros conceitos são igualmente importantes em geografia, como o de sustentabilidade, tratado mais adiante. Agora, no entanto, é necessário discutir o conceito de escala, com o intuito de auxiliar na compreensão da geografia da América Latina.

3.2 América Latina: um recorte espacial complexo e multidimensional

Imaginamos que poucos afirmariam seguramente quantos e quais países compõem a América Latina atualmente. Pergunte a si mesmo: Qual é a geografia dessa macrorregião na atualidade? Quantos países a formam? Quais critérios foram utilizados para se chegar a tal definição? As classificações disponíveis geralmente divergem quanto à composição e à quantidade de países que constituem a América Latina.

Segundo a divisão macrorregional adotada pela Organização das Nações Unidas (ONU), a América Latina é composta de 22 países ou territórios. De acordo com essa divisão, Guiana e Suriname pertencem a essa grande região. Isso pode ser questionável se considerarmos, por exemplo, a língua oficial e a colonização fatores determinantes, haja vista que esses países não têm como referência mais antiga o latim e sequer foram colonizados por nações de origem latina.

Conforme a mesma classificação estabelecida pela Divisão de Estatística da ONU, Cuba, Haiti e República Dominicana estão no Caribe, e o México aparece como país da América Central. Em livros didáticos ou paradidáticos e em outras publicações acadêmicas, essa divisão regional da América Latina não ocorre necessariamente da mesma forma. Em Rigolin e Almeida (2002), por exemplo, Cuba, Haiti e República Dominicana são apresentados como sendo parte da América Latina.

Isso ocorre porque a definição de uma região ou macrorregião envolve uma escolha ou, melhor dizendo, um problema de escala. Para Castro, Gomes e Corrêa (2005, p. 129), a escala é um processo de esquecimento coerente, no qual "a prática de selecionar partes do real é tão banalizada que oculta a complexidade conceitual que esta prática apresenta". Ou seja, escolher ou delimitar uma região implica dar ênfase àquilo que se busca examinar acerca de um ou mais fenômenos em determinado recorte espacial ou, ainda, renunciar a tudo o que se passa fora dessa região, estabelecendo conexões conforme o tipo de análise.

Outra questão importante ao se determinar a escala da região ou da macrorregião é o tamanho. Cada recorte espacial constitui uma unidade de concepção, uma forma de compreender a realidade. Em outras palavras, "quando o tamanho muda, as coisas mudam, o que não é pouco, pois tão importante quanto saber que as coisas mudam com o tamanho é saber como elas mudam, quais os novos conteúdos nas novas dimensões" (Castro; Gomes; Corrêa, 2005, p. 137). Portanto, estabelecer uma geografia para a América Latina é uma tarefa complexa e multidimensional. Complexa porque não se trata de uma escolha conceitual, escalar ou metodológica que pode ser considerada trivial. Existem muitos interesses envolvidos (de indivíduos, empresas, estados-nações, instituições supranacionais etc.), tornando difícil a tarefa de delimitar geograficamente a macrorregião da América Latina. Multidimensional porque sua delimitação necessita considerar as diversas dimensões envolvidas na análise, podendo ser cultural, econômica, política, geográfica etc. Se a dimensão mais relevante for a cultural, por exemplo, as línguas, o idioma de origem e os povos colonizadores exercerão forte influência quando da opção por uma ou outra regionalização. Entretanto, se for a geográfica, a proximidade, a rede de relações, as localizações e as distâncias desempenharão um papel mais importante em tal escolha.

Por isso, não temos a ambição de estabelecer um critério inquestionável, definitivo e inflexível, até porque reconhecemos que há a possibilidade de uma combinação entre eles. A geografia da América Latina aqui apresentada não considera uma definição rígida e determinada dessa macrorregião. Trata-se, antes de tudo, de uma mescla de critérios, que abrangem questões geográficas, culturais, econômicas e políticas.

Com essas considerações em mente, apresentamos no Mapa 3.1 os países da América Latina segundo critérios não apenas de proximidade, mas também de língua oficial, continentalidade, contiguidade ou continuidade geográfica e colonização, além de características culturais e territoriais que lhes permitem conformar uma mesma região.

Mapa 3.1 – Países da América Latina

Segundo essa divisão regional, Guiana, Guiana Francesa e Suriname não estão inseridos na macrorregião da América Latina. Apesar da proximidade, da continentalidade e da continuidade geográfica, os países em questão estão muito mais conectados histórica e culturalmente a outros territórios, como Reino Unido, França e Holanda.

Assim como na classificação estabelecida pela ONU, Cuba não faz parte da América Latina, mas do Caribe. Além disso, segundo os critérios de continentalidade e continuidade geográfica, sua inserção na América Latina não seria possível. Por outro lado, se adotássemos apenas o critério da língua oficial, essa inserção seria seguramente plausível.

Belize também não segue os critérios de língua oficial e colonização, haja vista que o país foi colonizado por britânicos e tem como idioma oficial o inglês. Contudo, sua inserção na América Latina poderia ser justificada se considerássemos apenas os critérios de continentalidade e continuidade geográfica. Em outras palavras, regionalizar realmente não é uma tarefa trivial. A escolha dos critérios determina o tipo de análise que se pode fazer e revela, ainda, as limitações inerentes a qualquer abordagem científica que busque levantar ideias ou hipóteses.

Antes de prosseguirmos com a análise das relações econômicas entre o Brasil e o restante da América Latina, apresentaremos um breve cenário sobre a população e a economia desses países.

3.3 População e economia na América Latina

A América Latina é uma região bastante heterogênea. Apesar de correta, essa afirmação é bastante contraditória, pois a própria agregação de unidades de área com o objetivo de compor uma região implica assumirmos que tal região e suas respectivas unidades têm certa homogeneidade. Esse é um procedimento inerente à regionalização do espaço.

Contudo, em virtude da enorme extensão territorial dessa macrorregião e de suas características econômicas, demográficas, políticas, culturais etc., é completamente possível a existência de diferenças. Estas, por sua vez, podem se tornar evidentes conforme o enfoque, o recorte espacial e a variável que se deseja privilegiar ao longo de determinado período ou recorte temporal.

Ao considerarmos a variável *população*, por exemplo, percebemos que existem diferenças significativas de um país para outro dentro da América Latina, conforme evidencia a Tabela 3.1. Segundo dados do Banco Mundial, em 2015, a população da América Latina e do Caribe era de 632.959.079 habitantes. Somente no Brasil já havia mais de 207 milhões de habitantes, representando cerca de 32% da população dessa macrorregião.

Tabela 3.1 – População e PIB dos países da América Latina em 2015

País	População	PIB (valores correntes em US$)
Brasil	207.847.528	1.774.724.820.000
México	127.017.224	1.143.793.180.000
Colômbia	48.228.704	292.080.160.000

(continua)

(Tabela 3.1 – conclusão)

País	População	PIB (valores correntes em US$)
Argentina	43.416.755	583.168.570.000
Peru	31.376.670	189.111.140.000
Venezuela	31.108.083	*371.336.900.000
Chile	17.948.141	240.796.390.000
Guatemala	16.342.897	63.794.150.000
Equador	16.144.363	100.176.810.000
Bolívia	10.724.705	32.997.680.000
Honduras	8.075.060	20.420.970.000
Paraguai	6.639.123	27.093.940.000
El Salvador	6.126.583	25.850.200.000
Nicarágua	6.082.032	12.692.560.000
Costa Rica	4.807.850	54.136.830.000
Panamá	3.929.141	52.132.290.000
Uruguai	3.431.555	53.442.700.000
Total	589.246.414	5.037.749.290.000

Fonte: Elaborado com base em The World Bank, 2018a, 2018b.
*Dado referente a 2013

Quando se analisa a economia da América Latina, as desigualdades também são reveladas. Em 2015, a economia dessa macrorregião ultrapassou o patamar dos US$ 5 trilhões, com o Brasil representando a maior economia, seguido de México, Argentina e Venezuela. Novamente, apenas Brasil e México somam mais de 50% da economia da América Latina.

Cabe ressaltar que, embora esses dados se limitem ao ano de 2015, uma série histórica da evolução do PIB brasileiro é apresentada no Gráfico 3.1. Nele, demonstra-se que a economia brasileira apresentou um crescimento lento e gradual entre 1985 e 1991, período no qual o Brasil iniciava uma nova fase republicana e democrática, após o término da ditadura militar.

Gráfico 3.1 – Evolução do PIB do Brasil entre 1985 e 2015 (valores correntes em US$)

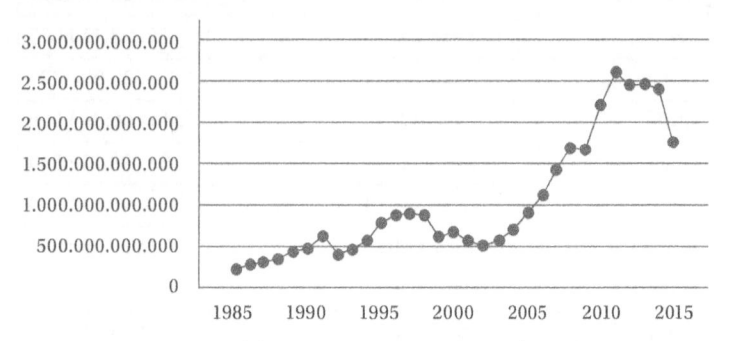

Fonte: Elaborado com base em The World Bank, 2018a, 2018b.

Entre 1991 e 1992, houve o *impeachment* do então presidente Fernando Collor de Mello, e as crises política e econômica que se desenvolveram durante esse período resultaram na queda do PIB brasileiro. A economia se recuperou no período de 1992 a 1998 e voltou a crescer, seguindo a tendência apresentada entre 1985 e 1991. Após 1998, houve sucessivas quedas e a economia brasileira sofreu uma retração, que permaneceu até 2002.

A economia, porém, recuperou-se mais uma vez e o crescimento econômico entre 2002 e 2011 foi impressionante, como mostram os dados apresentados no Gráfico 3.1. O único tropeço durante esse período ocorreu de 2008 a 2009, supostamente em razão dos impactos da crise econômica mundial.

Em 2011, Dilma Rousseff assumiu a presidência da República e a sequência de crescimento econômico foi interrompida. O Brasil voltou a sofrer sucessivas quedas no PIB, com um resultado bastante ruim entre 2014 e 2015, período marcado pela transição do primeiro para o segundo governo de Dilma Rousseff. Em 2014, não apenas a crise econômica se tornou uma preocupação no Brasil, mas também uma crise política, que tinha de ser superada.

Em 2014, Dilma Rousseff foi reeleita, mas sofreu forte oposição de diversos partidos políticos. O país se viu novamente em uma forte crise política e econômica, o que culminou com o *impeachment* da presidente em agosto de 2016.

Com sua destituição, assumiu o governo o então vice-presidente Michel Temer, que compunha a chapa com Dilma Rousseff na reeleição de 2014. A crise política que se intensificou no Brasil a partir daí impactou diretamente no desempenho da economia. No ano seguinte, o PIB do país voltou a patamares comparáveis aos de 2009, um retrocesso significativo para a economia e a sociedade brasileiras.

O desemprego aumentou em vários setores da economia e em diversas regiões do país, e a inflação permanecia com índices elevados, diminuindo, consequentemente, o poder de compra dos indivíduos. Esse foi o cenário predominante entre 2014 e 2017. Os dados apresentados no Gráfico 3.1 se limitam ao período de 1985 a 2015. No entanto, seria interessante revisitar esses dados no futuro e assumir a tarefa de ampliar a análise considerando informações mais recentes da economia nacional.

Tendo discutido uma geografia da América Latina para essa análise e apresentado um breve cenário da economia e política no Brasil durante as últimas décadas, podemos avançar no sentido de estabelecer relações entre o Brasil e os demais países da América Latina, com enfoque nas atividades econômicas e nas relações de comércio internacional.

3.4 Brasil na América Latina: uma análise no contexto das relações de comércio internacional

Antes de avançarmos na análise da relação entre Brasil e América Latina e da inserção do Brasil no amplo contexto dessa macrorregião, é importante destacar algumas questões metodológicas consideradas neste estudo. Os procedimentos metodológicos envolveram, sobretudo, o exame de uma série de dados estatísticos contendo as variáveis a serem analisadas na relação de comércio entre o Brasil e os demais países da América Latina.

Uma fonte importante utilizada na análise foi o banco de dados do UN Comtrade (2018), que permite o exame de uma variedade de mercadorias que podem ser rastreadas pelo sistema harmonizado de designação e codificação. Assim, os dados foram coletados e analisados em planilhas eletrônicas elaboradas no Excel. No Quadro 3.1, mostramos uma síntese das mercadorias selecionadas e analisadas para os propósitos deste capítulo.

Quadro 3.1 – Categorias de produtos selecionados para as análises de comércio internacional envolvendo o Brasil, a América Latina e o mundo

Sistema harmonizado	Descrição
0901	Café, mesmo torrado ou descafeinado; cascas e películas de café; sucedâneos do café que contenham café em qualquer proporção.

(continua)

(Quadro 3.1 – conclusão)

Sistema harmonizado	Descrição
11	Produtos da indústria de moagem; malte; amidos e féculas; inulina; glúten de trigo.
110100	Farinhas de trigo ou de mistura de trigo com centeio.
1201	Soja, mesmo triturada.
17	Açúcares e produtos de confeitaria.
22	Bebidas, líquidos alcoólicos e vinagres.
2601	Minérios de ferro e seus concentrados, incluindo as piritas de ferro ustuladas (cinzas de piritas).
39	Plásticos e suas obras.
40	Borracha e suas obras.
44	Madeira, carvão vegetal e obras de madeira.
48	Papel e cartão; obras de pasta de celulose, de papel ou de cartão.
60	Tecidos de malha.
61	Vestuário e seus acessórios, de malha.
62	Vestuário e seus acessórios, exceto de malha.
64	Calçados, polainas e artefatos semelhantes; suas partes.
72	Ferro fundido, ferro e aço.
73	Obras de ferro fundido, ferro ou aço.
76	Alumínio e suas obras.
87	Produtos automotivos, incluindo autoveículos, tratores, ciclos e outros veículos terrestres, suas partes e seus acessórios.
88	Aeronaves e aparelhos espaciais e suas partes.
89	Embarcações e estruturas flutuantes.

Fonte: Elaborado com base em UN Comtrade, 2018.

Analisando as relações comerciais entre o Brasil e o mundo nas categorias de produtos selecionados, percebemos que, em 2015, a balança comercial brasileira registrou um superávit no valor de US$ 47 bilhões. A soja se destaca como o principal produto exportado, seguida dos minérios de ferro e dos produtos automotivos (Tabela 3.2). Um detalhe importante sobre os produtos automotivos é que eles representaram não apenas um dos principais produtos exportados, mas também o principal produto importado pelo Brasil no referido ano, contabilizando um déficit superior a US$ 3 bilhões.

Tabela 3.2 – Relações comerciais entre o Brasil e o mundo em 2015 (produtos selecionados)

N.	Produtos	Exportações brasileiras (valor em US$)	Importações brasileiras (valor em US$)	Balança comercial (valor em US$)
1	Soja	20.983.574.666	109.492.281	20.874.082.385
2	Minérios de ferro	14.076.103.623	8.147	14.076.095.476
3	Produtos automotivos	9.604.506.662	13.569.065.530	-3.964.558.868
4	Ferro fundido, ferro e aço	8.927.017.787	2.475.948.255	6.451.069.532
5	Açúcar	7.781.309.858	89.409.821	7.691.900.037
6	Café	5.565.582.151	67.072.938	5.498.509.213
7	Aeronaves, aparelhos espaciais e suas partes	4.503.206.490	2.329.589.971	2.173.616.519
8	Plásticos	3.483.326.673	7.121.047.074	-3.637.720.401
9	Madeira	2.271.394.949	116.233.803	2.155.161.146

(continua)

(Tabela 3.2 – conclusão)

N.	Produtos	Exportações brasileiras (valor em US$)	Importações brasileiras (valor em US$)	Balança comercial (valor em US$)
10	Papel e cartão	2.020.962.692	957.814.879	1.063.147.813
11	Embarcações e estruturas flutuantes	1.985.489.920	1.527.620.989	457.868.931
12	Ferro fundido, ferro e aço	1.739.885.792	3.186.165.973	-1.446.280.181
13	Borracha	1.643.623.919	2.975.235.107	-1.331.611.188
14	Calçados	1.114.315.814	538.544.827	575.770.987
15	Alumínio	1.053.474.314	1.735.644.803	-682.170.489
16	Bebidas	1.024.161.528	814.182.039	209.979.489
17	Produtos da indústria de moagem	87.191.653	574.598.354	-487.406.701
18	Vestuário (de malha)	74.629.494	1.048.631.410	-974.001.916
19	Tecidos de malha	62.386.168	366.892.925	-304.506.757
20	Vestuário (exceto de malha)	52.926.489	1.326.062.725	-1.273.136.236
21	Farinha de trigo	187.985	96.445.737	-96.257.752
	Total	88.055.258.627	41.025.707.588	47.029.551.039

Fonte: Elaborado com base em UN Comtrade, 2018.

Ao focarmos o fluxo de comércio envolvendo o Brasil e os países da América Latina em 2015 e considerarmos todos os produtos comercializados, ou seja, não apenas aqueles selecionados e apresentados na Tabela 3.2, constatamos que o superávit é menor, aproximadamente de US$ 10 bilhões. A Argentina ainda é o maior parceiro comercial do Brasil, sendo o principal destino das exportações e das importações brasileiras, conforme a Tabela 3.3. Com relação às importações, México e Chile também aparecem como importantes fornecedores de produtos para o mercado brasileiro.

Tabela 3.3 – Valor nominal das importações e das exportações realizadas pelo Brasil na relação comercial com os demais países da América Latina em 2015

País	Valor das importações (US$)	Valor das exportações (US$)	Balança comercial (US$)
Argentina	10.284.598.084	12.800.015.447	2.515.417.363
Chile	3.410.858.864	3.978.438.486	567.579.622
México	4.377.919.339	3.588.345.840	-789.573.499
Venezuela	679.890.525	2.986.603.820	2.306.713.295
Uruguai	1.216.624.043	2.726.867.064	1.510.243.021
Paraguai	884.240.200	2.473.348.262	1.589.108.062
Colômbia	1.189.282.375	2.115.234.768	925.952.393
Peru	1.256.345.367	1.815.632.198	559.286.831
Bolívia	2.506.280.852	1.482.007.999	-1.024.272.853
Equador	117.765.066	665.462.387	547.697.321
Panamá	8.766.589	304.737.870	295.971.281
Costa Rica	52.629.831	267.507.344	214.877.513
Guatemala	28.496.573	224.320.899	195.824.326
El Salvador	7.075.443	106.196.907	99.121.464
Honduras	15.721.219	102.263.194	86.541.975
Nicarágua	3.487.811	94.036.913	90.549.102
Total	26.039.982.181	35.731.019.398	9.691.037.217

Fonte: Elaborado com base em UN Comtrade, 2018.

Quando setores específicos da atividade econômica são analisados, os dados revelam que a América Latina não é o principal destino das exportações brasileiras em algumas mercadorias selecionadas. A soja e os minérios de ferro são *commodities* importantes nesse contexto.

De acordo com os dados apresentados nas Tabelas 3.4 e 3.5, a China é o principal consumidor desses produtos. Cerca de 75% das exportações brasileiras de soja e 45% das de minérios de ferro vão para a China. Esse dado é importante para ambas as economias, sobretudo porque esses países têm acordos comerciais entre si e com outros grupos de países, como o Brics.

Tabela 3.4 – Principais destinos das exportações brasileiras de soja em 2015

N.	País	Valor (US$)	%
1	China	15.787.785.730	75,2
2	Espanha	909.472.450	4,3
3	Tailândia	672.557.837	3,2
4	Holanda	580.865.886	2,8
5	Outra Ásia, nes*	376.106.269	1,8
6	Coreia do Sul	277.741.325	1,3
7	Vietnã	260.530.336	1,2
8	Rússia	231.534.581	1,1
9	Irã	211.101.228	1,0
10	Egito	209.459.243	1,0
Exportações para a América Latina		1.362.085	0,01
Exportações para o mundo		20.983.574.666	100,0

Fonte: Elaborado com base em UN Comtrade, 2018.

*"nes" se refere ao termo inglês *not elsewhere specified*. "Outra Ásia" diz respeito a um grupo de países asiáticos que reportam suas exportações de maneira distinta dentro do grupo, ou seja, variando muito na forma como fornecem detalhes sobre países ou empresas parceiras, ano de exportação, mercadorias ou categoria de produtos exportados.

Tabela 3.5 - Principais destinos das exportações brasileiras de minérios de ferro em 2015

País	Valor (US$)	%
China	6.452.277.748	45,8
Japão	1.208.998.837	8,6
Holanda	818.990.860	5,8
Malásia	766.923.408	5,4
Coreia do Sul	500.939.787	3,6
Filipinas	489.765.883	3,5
Omã	376.256.251	2,7
Argentina	349.266.191	2,5
França	283.045.807	2,0
Reino Unido	271.985.419	1,9
Alemanha	247.260.067	1,8
Outra Ásia, nes	229.894.885	1,6
Itália	229.637.113	1,6
Emirados Árabes	225.409.143	1,6
Bahrein	195.363.648	1,4
Turquia	190.672.667	1,4
Bélgica	170.088.725	1,2
Arábia Saudita	163.581.720	1,2
Espanha	160.272.833	1,1
Trindade e Tobago	154.891.972	1,1
Estados Unidos	142.126.490	1,0
Exportações para a América Latina	381.099.093	2,7
Exportações para o mundo	14.076.103.623	100,0

Fonte: Elaborado com base em UN Comtrade, 2018.

As exportações de soja e minério de ferro do Brasil para os demais países da América Latina são bastante modestas se comparadas às exportações para a China. De todo modo, na América Latina, o principal consumidor da soja brasileira é o Paraguai e de minério de ferro é a Argentina, conforme mostram as Tabelas 3.6 e 3.7, respectivamente.

Tabela 3.6 – Exportações brasileiras de soja para a América Latina em 2015

País	Valor (US$)	%
Paraguai	1.164.115	85,5
Argentina	125.009	9,2
Peru	44.848	3,3
Panamá	17.811	1,3
Bolívia	10.230	0,8
Uruguai	72	0,01
Exportações para a América Latina	1.362.085	100,0

Fonte: Elaborado com base UN Comtrade, 2018.

Tabela 3.7 – Exportações brasileiras de minérios de ferro para a América Latina em 2015

País	Valor (US$)	%
Argentina	349.266.191	91,6
México	27.850.901	7,3
Paraguai	3.962.515	1,0
Uruguai	19.486	0,01
Exportações para a América Latina	381.099.093	100,0

Fonte: Elaborado com base em UN Comtrade, 2018.

Mencionamos anteriormente que, em 2015, os produtos automotivos ocuparam a terceira posição em exportações brasileiras para o mundo. Porém, na Tabela 3.8, podemos perceber que, de todas as exportações brasileiras de produtos automotivos para o mundo, cerca de 83% têm como destino a América Latina.

Tabela 3.8 – Exportações de produtos automotivos do Brasil para a América Latina em 2015

País	Valor (US$)	%
Argentina	5.193.636.376	54,1
México	827.469.901	8,6
Chile	569.849.951	5,9
Peru	390.825.737	4,1
Uruguai	293.008.526	3,1
Colômbia	201.987.053	2,1
Paraguai	180.908.954	1,9
Bolívia	107.584.116	1,1
Venezuela	94.611.270	1,0
Equador	51.612.789	0,5
Costa Rica	46.313.831	0,5
Guatemala	15.640.546	0,2
El Salvador	11.559.146	0,1
Panamá	10.292.531	0,1
Honduras	6.732.717	0,1
Nicarágua	4.710.397	0,05
Exportações para a América Latina	8.006.743.841	83,4
Exportações para o mundo	9.604.506.662	100,0

Fonte: Elaborado com base em UN Comtrade, 2018.

O fluxo de exportação nessa categoria de produtos é distinto. Não mais a China, mas a Argentina, é o principal mercado consumidor dos produtos automotivos exportados pelo Brasil. Em 2015, mais da metade (54,1%) das exportações brasileiras de produtos automotivos para o mundo teve como destino a Argentina.

3.5 Papel da soja na produção e na transformação dos espaços brasileiro e latino-americano

Ao analisarmos o comércio da soja, um dos principais produtos de exportação do Brasil, vimos que seu principal destino era a China. Considerando-se a safra de 2015 e 2016, o Brasil ocupou a segunda colocação no *ranking* dos países produtores de soja.

No Brasil, a soja é bastante utilizada na fabricação de rações animais; todavia, vem sendo crescentemente empregada também na produção de alimentos para consumo humano, como sucos e biscoitos, além de estar presente na produção de biocombustíveis. Ela pode ser encontrada, principalmente, no Centro-Oeste e no Sul do país, onde há condições climáticas mais favoráveis a seu cultivo. Por isso, a soja é considerada uma *commodity*, podendo ser observada na paisagem dos estados de Mato Grosso, do Paraná ou do Rio Grande do Sul (Tabela 3.9).

No entanto, com a Empresa Brasileira de Pesquisa Agropecuária (Embrapa), os produtores brasileiros implementaram diversas inovações e promoveram mudanças tecnológicas significativas durante as últimas décadas, permitindo que a produção de soja não se limite às regiões citadas, mas se difunda pelo Norte e pelo Nordeste.

Tabela 3.9 – Produção de soja no Brasil e no mundo (safra 2015/2016)

	Milhões de toneladas	Área plantada	Produtividade (kg/ha)
Mundo	312.362	*119.732	...
Estados Unidos	106.934	*33.109	3.230
Brasil	95.631	**33.177	2.282
Unidades federativas (UFs)			
Mato Grosso	26.058	**9.140	2.851
Paraná	17.102	**5.445	3.141
Rio Grande do Sul	16.201	**5.455	2.970

Fonte: Elaborado com base em Brasil, 2018.
Nota: Área plantada em milhões de hectares.
*Usda
**Conab

A soja faz parte de uma cadeia global de grande valor relacionada à produção de alimentos e ao agronegócio no Brasil. Sua produção, seu processamento e sua comercialização sustentáveis tornaram-se bandeiras a serem levantadas por empresas que participam da cadeia global de valor da soja e do processo de globalização de modo mais abrangente.

O conceito de sustentabilidade ganha importância à medida que projetos e ações ditos sustentáveis são inseridos e realizados dentro da cadeia global de valor da soja, permitindo que, em cenários favoráveis, as empresas se tornem mais competitivas e os países atinjam o tão desejado desenvolvimento sustentável. De tal modo, sustentabilidade e desenvolvimento sustentável são conceitos importantes na atualidade e nos fazem refletir sobre a relação entre meio ambiente e desenvolvimento econômico ou, se preferirmos, sobre a velha relação entre sociedade e natureza.

Segundo Alencastro (2012, p. 45), o termo *sustentabilidade* foi, aos poucos, sendo substituído pela expressão *desenvolvimento sustentável*. Para o autor, "a sustentabilidade tem como preocupação central o modo de produção, ou seja, quem produz, como produz, o que produz, porque produz e quais são as consequências dessa produção".

Uma das referências mais utilizadas sobre desenvolvimento sustentável é o documento *Nosso Futuro Comum*, ou *Relatório Brundtland*, apresentado pela primeira vez em 1987, pela Comissão Mundial sobre o Meio Ambiente e o Desenvolvimento das Nações Unidas, presidida na oportunidade por Gro Harlem Brundtland. Como consta nesse relatório, desenvolvimento sustentável "é aquele que satisfaz as necessidades do presente sem comprometer a capacidade das gerações futuras de satisfazerem suas próprias necessidades" (Brundtland, 1987, tradução nossa).

Outra definição de desenvolvimento sustentável bastante utilizada é a *triple bottom line,* de John Elkington. Em português, o termo não faz muito sentido, mas sua conotação tornou-se globalmente importante no contexto das dimensões da sustentabilidade. Para Elkington (1997, citado por Alencastro, 2012), a *triple bottom line* ficou conhecida como os 3 Ps (*people, planet and profit*), pois se manifesta em três dimensões distintas (pessoas, planeta e lucro), que devem interagir para que o desenvolvimento sustentável seja atingido.

A preocupação com a sustentabilidade e o desenvolvimento sustentável tem se difundido cada vez mais entre os agentes da cadeia global de valor da soja, como empresas, ONGs, governos e instituições. Mais recentemente, consumidores também têm se interessado por empresas que adotam medidas nessa direção.

Além disso, é uma política e um discurso presente em organizações que procuram promover a produção, o processamento e a comercialização sustentável da soja, ou seja, ações realizadas de maneira economicamente viável, socialmente justa e ambientalmente correta. Uma das organizações inseridas nesse contexto é a RTRS (*Round Table on Responsible Soy*), que reúne uma quantidade significativa de representantes da cadeia global de valor da soja.

Apesar dessas considerações acerca da sustentabilidade e do desenvolvimento sustentável no contexto das cadeias globais de valor, não podemos deixar de considerar também como o desempenho brasileiro na soja se insere nas discussões envolvendo a relação entre manufaturados e *commodities* agrícolas. Essas relações são caríssimas quando tratamos dos termos de troca entre os países.

Desde sua criação, a Cepal (Comissão Econômica para a América Latina e o Caribe) sempre teve em mente as relações da América Latina com os demais países do mundo quando se trata de industrialização e comércio internacional. Esse era o caso, principalmente, entre o final dos anos 1950 e meados da década de 1960 (Mamigonian, 2000).

Em algumas situações, a literatura tende a apresentar ou discutir os países da América Latina em um contexto no qual eles geralmente aparecem como grandes fornecedores de recursos naturais e como grandes consumidores de produtos manufaturados. Esse argumento, de certa forma, sugere que as perspectivas para o desenvolvimento econômico não são muito boas para países que adotam essa estratégia, uma vez que, no longo prazo, o desenvolvimento fica muito dependente de atividades do setor primário.

É por esse e outros motivos que alguns países da América Latina ainda são chamados pejorativamente de *repúblicas das bananas*, propondo-se, principalmente, a vender matérias-primas e recursos naturais e a comprar produtos industrializados. Essas relações são típicas de países que passaram por períodos coloniais, como os da América Latina.

Nesse contexto, Sturgeon et al. (2013, p. 29) afirmam que é especialmente notável na relação comercial entre Brasil e China o fato de que nosso país mostra "um viés para a exportação de produtos (tanto *commodities* primárias quanto bens manufaturados) com um nível muito baixo de processamento, enquanto as importações tendem a ser de peças e componentes intensivos em tecnologia e máquinas".

Segundo esses autores, a cadeia de valor da soja é um bom exemplo dessa constatação, pois "cerca de 95% das exportações de soja do Brasil para a China, em 2009, foram de grãos não processados. Por outro lado, quase não houve exportações de farelo, farinha ou óleo de soja para a China" (Sturgeon et al., 2013, p. 29).

Contudo, não se trata de um determinismo econômico, no qual o Brasil e os demais países da América Latina estão destinados a exercer o papel de grandes produtores apenas de *commodities* agrícolas e mineiras. Na seção anterior, enfatizamos que o Brasil comercializa não apenas soja e minérios de ferro, mas também produtos automotivos.

É necessário ressaltar, porém, que existem diferenças significativas entre os setores da atividade econômica e as categorias de produtos que são analisados no comércio internacional. Por isso, o desempenho brasileiro nas relações de produção e comercialização em cadeias globais de valor depende de diversas variáveis, inclusive de sua inserção no amplo contexto da macrorregião da América Latina.

Síntese

A América Latina é uma macrorregião com países que têm características semelhantes, mas também, e contraditoriamente, desiguais. A língua oficial, o passado colonial e a proximidade geográfica são fatores que aproximam esses países, permitindo que eles conformem uma mesma região. Vimos que, tanto no que se refere à economia quanto aos dados de população, Brasil e México se destacam dentro da macrorregião.

Ao analisarmos a participação do Brasil nas relações de comércio internacional, percebemos que a China é um grande consumidor das *commodities* brasileiras, sobretudo de soja e minérios de ferro. Porém, as exportações brasileiras não se limitam às *commodities* agrícolas e minerais, haja vista que, na pauta de suas principais exportações para o mundo, também estão os produtos automotivos, as aeronaves e os aparelhos espaciais, ou seja, de nível tecnológico mais elevado.

Na América Latina, os principais parceiros comerciais podem variar de acordo com a categoria de produtos a ser analisada. No que tange às exportações brasileiras de soja, por exemplo, o Paraguai é o principal parceiro comercial do Brasil; já com relação aos minérios de ferro e os produtos automotivos, essa posição é ocupada pela Argentina.

Quando focamos em setores específicos da atividade econômica, como no caso da soja, constatamos que essa cultura exerce um forte impacto na transformação do espaço brasileiro, sobretudo nos estados de Mato Grosso, do Paraná e do Rio Grande do Sul. Contudo, não apenas a produção deve ser analisada, mas também a comercialização, a distribuição e o consumo, os quais são importantes no desenvolvimento das atividades econômicas. Por isso, destacamos a relevância de conceitos como cadeia global de valor, sustentabilidade e desenvolvimento sustentável.

Indicação cultural

COLD War Backyard: 1954-1990. Produção: Brian Moser. EUA, 1998. 45 min. Série de TV.

Esse documentário oferece uma análise interessante sobre a influência estadunidense na América Latina no período da Guerra Fria nos âmbitos político e econômico. Empresas americanas tinham empreendimentos em países como Guatemala e Nicarágua, e Cuba emergia como um país que poderia ameaçar os interesses americanos nessa macrorregião. A obra traz diversas interseções analíticas com temas de grande interesse para a geografia e para professores de diversas disciplinas na área da educação.

Atividades de autoavaliação

1. As conexões estabelecidas durante a realização de determinadas atividades econômicas podem ocorrer desde a concepção do produto, passando pelo *design*, pela adição de matérias-primas e insumos intermediários, pelo *marketing*, pela distribuição, pelo consumo e pela pós-venda, até a adequada destinação final de resíduos indesejados.

Esse trecho se refere ao conceito de:
a) sustentabilidade.
b) cadeia global de valor.
c) escala.
d) macrorregião.

2. Considerando os dados de população e de economia apresentados neste capítulo, é correto afirmar que dois países se destacam na América Latina, por terem as maiores populações e os maiores PIB dessa macrorregião em 2015.

O trecho acima se refere a:
a) Venezuela e Chile.
b) Brasil e Argentina.
c) Argentina e México.
d) Brasil e México.

3. Analise o gráfico a seguir para responder à questão.

Gráfico 3.2 – Evolução do PIB do Brasil entre 1985 e 2015

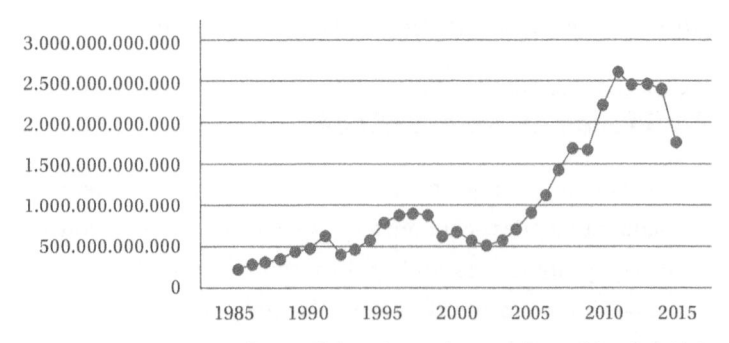

Fonte: Elaborado com base em Banco Mundial, 2018.

Neste capítulo, as oscilações no PIB e, portanto, na economia do Brasil são explicadas de forma interligada aos contextos internacional e nacional. No que concerne à escala nacional, em particular, trata-se das variações negativas do PIB de maneira relacionada a duas questões fundamentais:

a) as crises políticas e econômicas enfrentadas pelo Brasil em períodos distintos.

b) a escassez de recursos naturais e a ineficiência brasileira ao participar do comércio internacional.

c) a crise econômica mundial e a crescente participação da China como grande fornecedora de *commodities* agrícolas e minerais.

d) a redução da importância de parceiros comerciais dentro da própria América Latina e a consequente diminuição no valor das exportações brasileiras para os países vizinhos.

4. Leia atentamente o excerto de texto a seguir:

A partir deste conceito observa-se uma situação na qual há falta de algo necessário. Em economia, esse conceito se refere à diferença entre o que foi previsto para atender a determinada demanda ou fluxo e o que existe de fato na realidade. Pode ser entendido ainda quando as receitas são menores do que as despesas, gerando a diferença.

A partir da leitura, é correto afirmar que o excerto de texto faz alusão ao conceito de:

a) Superávit.
b) Inflação.
c) Economias de aglomeração.
d) Déficit.

5. A geografia pode ser dividida em duas grandes áreas: a geografia humana e a geografia física. Com relação à primeira, argumentamos que há uma disciplina da geografia que trata, de modo peculiar, da localização e da concentração espaciais dos fenômenos econômicos; dos elementos e dos agentes econômicos conectados no espaço; da interação entre lugares; e da maneira como tudo isso gera implicações na produção e na transformação do espaço geográfico.

Esse texto se refere à disciplina de:

a) geografia médica.
b) geografia cultural.
c) geografia social.
d) geografia econômica.

Atividades de aprendizagem

Questões para reflexão

1. Neste capítulo, mencionamos que regionalizar não é uma tarefa trivial. A escolha dos critérios determina o tipo de análise que se pode fazer e revela, ainda, as limitações inerentes a qualquer abordagem científica que busque levantar ideias ou hipóteses. Por isso, quando sugerimos uma geografia regional da América Latina, reconhecemos a necessidade de se estabelecerem alguns critérios. Para você, algum outro país deveria ser incluído nessa macrorregião ou excluído dela? Por quê? Que critérios você utilizaria para defender seu argumento?

2. O termo *república das bananas* pode se referir a um grupo de países latino-americanos predominantemente produtores de produtos primários, como soja, café e bananas, e mesmo a grandes consumidores de produtos manufaturados e com alto nível de desenvolvimento tecnológico. Com base nessas considerações, você acredita que o Brasil pode ser considerado uma república da banana?

3. Existe a possibilidade de os países atingirem o desenvolvimento sustentável sem a exploração dos recursos naturais?

Atividades aplicadas: prática

1. Escolha um dos produtos apresentados no Quadro 3.1 e examine as relações comerciais estabelecidas entre o Brasil, os demais países do mundo e, sobretudo, os da América Latina. Neste capítulo, tratamos das relações comerciais envolvendo a soja, os minérios de ferro e os produtos automotivos. Sendo assim, sugerimos a você que selecione outro produto que possa ser analisado, por exemplo, madeira, calçados, itens de vestuário, bebidas e café.

2. Fazendo uso do banco de dados do UN Comtrade, analise os fluxos de exportação ou importação envolvendo o produto selecionado. Considere ainda a relação comercial com as partes envolvidas: Brasil-mundo, relação bilateral (por exemplo, Brasil-Argentina) ou multilateral (por exemplo, Brasil-os demais países da América Latina) etc. Finalmente, demonstre os principais países consumidores do produto brasileiro selecionado e os principais fornecedores desse produto no mercado nacional. Para realizar essa atividade, acesse o seguinte *link*: UN COMTRADE DATABASE. Disponível em: <https://comtrade.un.org/data/>. Acesso em: 27 jun. 2018.

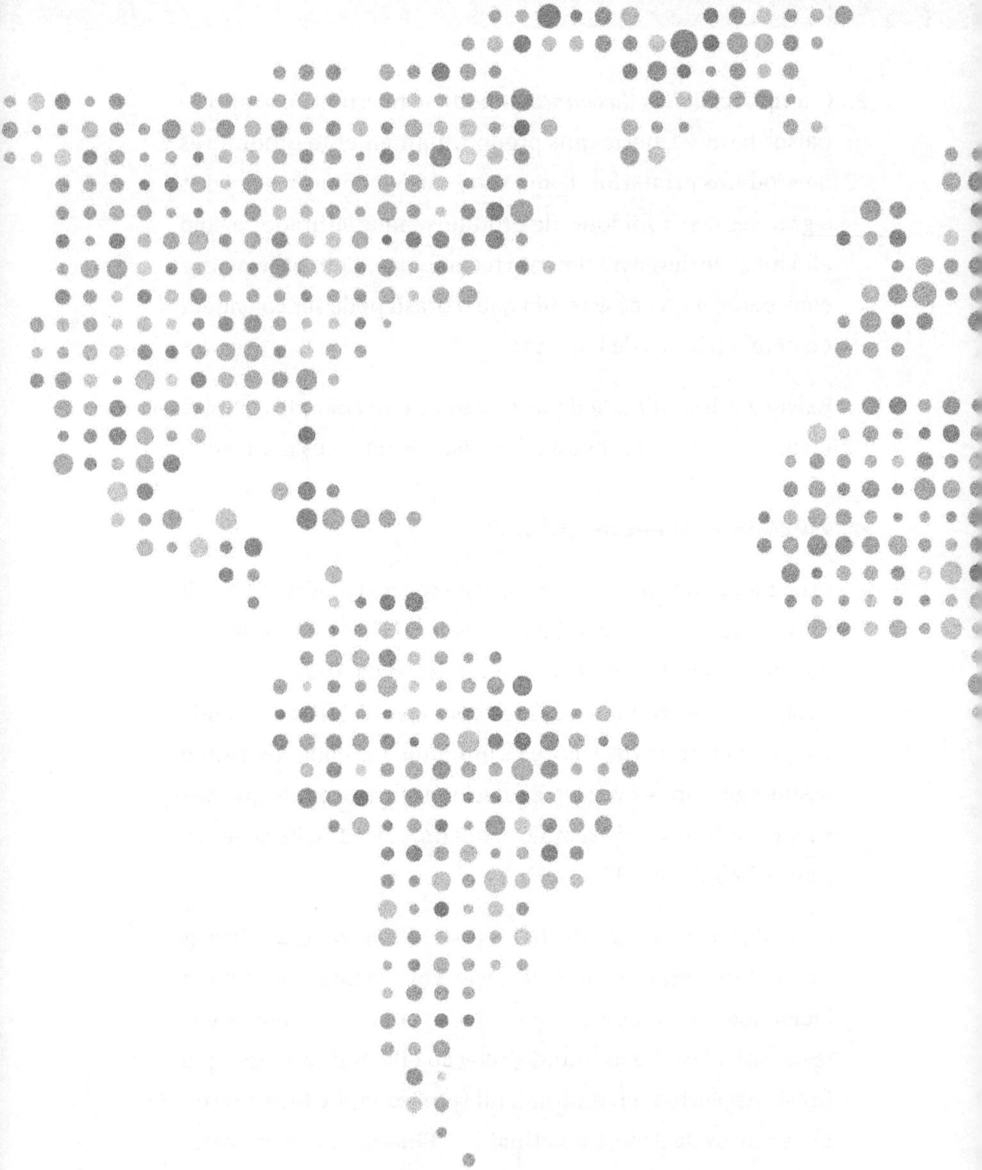

4 Problemas socioambientais contemporâneos

A história humana pode ser compreendida na perspectiva de sua evolução considerando-se a interação entre sociedade e natureza. Segundo Ponting (1995), todas as sociedades humanas foram e ainda são dependentes de complexos processos físicos, químicos e biológicos interligados. Isso inclui a energia produzida pelo Sol, os elementos cruciais para a vida e os processos geofísicos que fizeram com que as massas terrestres e continentais migrassem por meio da superfície do globo. Esses fatos constituem os fundamentos essenciais para a forma pela qual os vários tipos de plantas e animais, entre eles os seres humanos, desenvolveram-se no planeta, originando comunidades complexas e interdependentes.

As atitudes do homem para com o Planeta Terra, bem como seu comportamento no ambiente, têm variado ao longo do tempo e entre regiões e culturas. Com a chegada da modernidade e a consolidação do capitalismo no Ocidente, ocorreu uma intensa desmitificação da natureza. As necessidades dessa nova sociedade, associadas às novas técnicas e formas de produção industrial – consumo e, principalmente, consumismo –, infundem à natureza a condição de mercadoria.

Temos assistido a variadas intervenções humanas sobre o planeta, sobretudo a partir da Revolução Industrial, quando iniciou o processo de intensificação da degradação ambiental, como consequência do modo de produção capitalista, o qual perdura até os dias atuais.

> O meio ambiente – ou o ambiente, forma mais utilizada atualmente – se baseia na inter-relação entre os aspectos físicos (natureza), compreendidos por atmosfera, relevo, vegetação, hidrografia, fauna e flora, e os aspectos humanos (sociedade). O envolvimento da sociedade e da natureza nos estudos emanados de problemáticas

> ambientais, nos quais o natural e o social são concebidos como elementos de um mesmo processo, resultou na construção de uma nova corrente do pensamento geográfico: a geografia socioambiental (Mendonça, 2001a).

Neste capítulo, abordamos, de forma introdutória, quatro temas ambientais contemporâneos no Brasil: atmosfera, água, biodiversidade e energia, que vêm sofrendo com as ações praticadas pelos seres humanos.

4.1 Ambiente e atmosfera terrestre

A busca pela compreensão dos fenômenos que ocorrem na atmosfera terrestre existe há muitos anos. Trovões e relâmpagos, por exemplo, receberam a condição de deuses no passado por algumas comunidades.

A civilização egípcia surgiu das aldeias agrícolas que se estabeleceram às margens do Nilo. Mesmo sem ter uma noção exata, essa civilização observava as cheias do rio e a questão da umidade do ar para o cultivo da agricultura. Hipócrates, em 400 a.C., produziu a obra *Ares, águas e lugares*. Aristóteles, em 350 a.C., escreveu o livro *Meteorológica*. Até hoje, esses grandes filósofos gregos são citados em estudos científicos que abordam questões meteorológicas.

Desde os gregos até por volta de XVIII d.C., a meteorologia e a climatologia permaneceram unidas no estudo da atmosfera terrestre. Após os séculos XVIII e XIX, com a divisão em ramos específicos da ciência, a meteorologia e a climatologia se separaram, ficando a primeira vinculada à física direcionada a fenômenos isolados da atmosfera e do tempo atmosférico.

Segundo Ferreira (2006, p. 47),

> A atmosfera é uma massa gasosa que envolve a superfície do globo terrestre, estendendo se por cerca de 800 km acima da superfície. Em comparação com o raio da terra, de aproximadamente 6.600 km, é uma camada muito fina. Na verdade, a maioria dos gases está concentrada em uma capa de, mais ou menos, 6 km acima da superfície terrestre.

O tempo, por sua vez, "é o estado momentâneo da atmosfera com relação a temperatura, umidade, nebulosidade, precipitação e outros fenômenos meteorológicos" (Conti, 1998, p. 15), diferentemente do clima, que é a sucessão habitual dos tipos de tempo sobre determinado lugar e precisa de 30 a 35 anos de observação para ser definido.

Dessa forma, quando precisamos consultar as condições atmosféricas para o próximo final de semana, por exemplo, devemos ver a previsão do tempo, e não do clima.

A atmosfera influencia muito a vida humana, por exemplo, com os efeitos naturais ou derivados da ação humana, como a poluição, que provoca doenças e prejudica o clima do planeta. Segundo Ferreira (2006), essas mudanças climáticas, principalmente da temperatura, promovem transformações no padrão de tempo em escala global, afetando o suprimento de alimentos, o regime de precipitações, o recebimento de radiação solar etc.

Um dos grandes aspectos físicos que compõem o ambiente, a atmosfera é formada, aproximadamente, por 78% de nitrogênio, 21% de oxigênio e porções menores de hidrogênio, metano, ozônio, dióxido de nitrogênio, dióxido de carbono, óxido de carbono e outros gases nobres, conforme o Gráfico 4.1.

Gráfico 4.1 – Composição da atmosfera terrestre

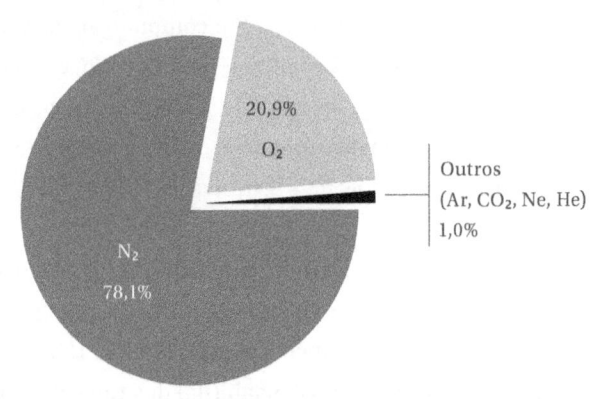

20,9%
O_2

Outros
(Ar, CO_2, Ne, He)
1,0%

N_2
78,1%

Fonte: Mateus, 2013.

4.1.1 Poluição atmosférica

De acordo com o Instituto Brasileiro de Geografia e Estatística – IBGE (2010), aproximadamente 85% da população brasileira vive em áreas urbanas. A poluição atmosférica, sobretudo nos centros urbanos, tem sido, desde o início do século XX, identificada como um grave problema de saúde pública.

O ar é um dos elementos naturais mais atingidos pelas ações humanas, por meio da presença de substâncias estranhas na atmosfera, resultantes da atividade humana ou de processos naturais, configurando poluição atmosférica.

Segundo o Ministério do Meio Ambiente,

> A poluição atmosférica pode ser definida como qualquer forma de matéria ou energia com intensidade, concentração, tempo ou características que possam tornar o ar impróprio, nocivo ou ofensivo à saúde, inconveniente ao bem-estar público, danoso aos materiais, à fauna e à flora ou prejudicial à segurança, ao uso e gozo da propriedade e à qualidade de vida da comunidade. (Brasil, 2017g)

Os poluentes atmosféricos são classificados em primários, quando emitidos das fontes, e secundários, quando formados por meio da reação química entre poluentes primários e constituintes naturais da atmosfera. Eles existem sob a forma de gases e de partículas e podem ser naturais ou artificiais, de fontes fixas ou móveis.

O ar poluído tem origem natural quando a poluição resulta de emissões de meios naturais, como vulcões, vegetação, oceanos e erosão eólica, e origem artificial quando provém, sobretudo, de emissões de origem antropogênica, resultantes da ação humana. Esta é a forma mais comum de poluição.

A poluição também pode vir de fontes fixas poluidoras, principalmente as industriais, e das usinas hidrelétricas, termelétricas e nucleares. Existem ainda as fontes fixas naturais, como a maresia e o vulcanismo.

As fontes móveis poluidoras da atmosfera são geralmente emitidas por veículos automotores, trens, aviões e embarcações marítimas.

Para não esquecer...

O Ministério do Meio Ambiente destaca que "os processos industriais e de geração de energia, os veículos automotores e as queimadas são, dentre as atividades antrópicas, as maiores causas da introdução de substâncias poluentes à atmosfera, muitas delas tóxicas à saúde humana" (Brasil, 2017g).

4.1.2 Efeito estufa

O efeito estufa é fundamental para a vida na Terra, pois faz com que o planeta se mantenha aquecido. No entanto, nos dias atuais, observamos uma intensificação desse efeito, em razão, principalmente, das atividades que proporcionam emissões de gases, como desmatamento de florestas e queimadas, que têm maior retenção de energia e ocasionam o aumento do efeito estufa, com o aquecimento da baixa atmosfera e a elevação da temperatura média do planeta, acarretando possíveis distorções ambientais. Muitos pesquisadores afirmam que a Terra está passando pelo processo do aquecimento global, configurando um de seus maiores problemas.

Outro fator que intensifica o efeito estufa é a queima de combustíveis fósseis, principalmente óleo diesel e gasolina, sobretudo nas cidades. O dióxido de carbono (gás carbônico) e o monóxido de carbono ficam concentrados em locais específicos da atmosfera, resultando em uma camada que bloqueia a dissipação do calor. Outros gases que contribuem para esse processo são o metano, o óxido nitroso e o óxido de nitrogênio. Em cidades como São Paulo, onde a camada de poluentes é visível a olho nu, o calor fica retido nas camadas mais baixas da atmosfera, gerando graves problemas ambientais e para a saúde.

Figura 4.1 – Efeito estufa

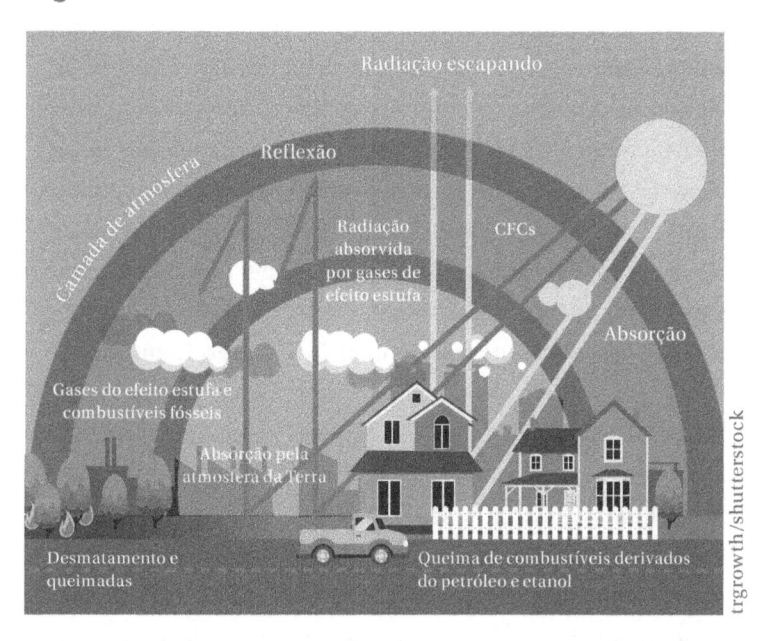

[Figura: ilustração do efeito estufa, com legendas: Radiação escapando; Reflexão; Camada de atmosfera; Radiação absorvida por gases de efeito estufa; CFCs; Absorção; Gases do efeito estufa e combustíveis fósseis; Absorção pela atmosfera da Terra; Desmatamento e queimadas; Queima de combustíveis derivados do petróleo e etanol. Crédito: trgrowth/shutterstock]

A Gerência de Qualidade do Ar (GQA) é de responsabilidade do Ministério do Meio Ambiente, departamento de qualidade ambiental na indústria que tem como atribuição formular políticas de apoio e fortalecimento institucional aos demais órgãos do Sistema Nacional do Meio Ambiente (Sisnama). É também responsável pela execução das ações locais de gestão da qualidade do ar, que envolvem o licenciamento ambiental, o monitoramento da qualidade do ar, a elaboração de inventários de emissões locais, a definição de áreas prioritárias para o controle de emissões, o setor de transportes, o combate às queimadas etc. (Brasil, 2017g).

4.1.3 Qualidade do ar e saúde

Além de prejudicar o ambiente, a poluição atmosférica afeta a saúde. Segundo o Ministério do Meio Ambiente, frequentemente, os efeitos da má qualidade do ar não são tão visíveis quando comparados a outros fatores mais fáceis de serem identificados (Brasil, 2017g). Contudo, os estudos epidemiológicos têm demonstrado correlações entre a exposição aos poluentes atmosféricos e os efeitos de morbidade e mortalidade causadas por problemas respiratórios (asma, bronquite, enfisema pulmonar e câncer de pulmão) e cardiovasculares, mesmo quando as concentrações dos poluentes na atmosfera não ultrapassam os padrões de qualidade do ar vigentes. Os mais vulneráveis a essa poluição são as crianças, os idosos e as pessoas que apresentam doenças respiratórias.

Os contaminantes provenientes, principalmente, da queima de combustíveis fósseis, em especial o material particulado, o dióxido de enxofre, os óxidos nitrosos, o monóxido de carbono, o chumbo e o ozônio, são comprovadamente os mais nocivos (Radicchi, 2012). Existem outros contaminantes presentes no ar das cidades, como os compostos orgânicos voláteis e os hidrocarbonetos policíclicos aromáticos, porém seus impactos na saúde não estão devidamente documentados. Materiais particulados ultrafinos e constituintes importantes das partículas, como os metais, também estão envolvidos. O Quadro 4.1 sintetiza os principais poluentes, suas fontes, seus processos de emissão e seus efeitos ambientais e sanitários.

Quadro 4.1 – Principais poluentes do ar: fontes, processos e efeitos

Poluentes	Fontes	Processos	Efeitos
Óxidos de enxofre (SO_x)	Antropogênicas	Combustão (refinarias, centrais térmicas, veículos, processos industriais).	Afeta o sistema respiratório, chuva ácida, danos em materiais.
	Naturais	Vulcanismo, processos biológicos.	

(continua)

(Quadro 4.1 – conclusão)

Poluentes	Fontes	Processos	Efeitos
Óxidos de nitrogênio (NO_x)	Antropogênicas	Combustão (veículos e indústrias).	Afeta o sistema respiratório e chuva ácida.
	Naturais	Emissões da vegetação.	
Compostos orgânicos voláteis	Antropogênicas	Refinarias, petroquímicas, veículos, evaporação de combustíveis e solventes.	Poluição fotoquímica; inclui compostos tóxicos e carcinogênicos.
Monóxido de carbono (CO)	Antropogênicas	Combustão (veículos).	Reduz a capacidade de transporte de oxigênio no sangue.
	Naturais	Emissões da vegetação.	
Dióxido de carbono (CO_2)	Antropogênicas	Combustão.	Efeito estufa.
	Naturais	Fogos florestais.	
Chumbo (Pb)	Antropogênicas	Gasolina com chumbo, incineração de resíduos.	Tóxico acumulativo. Anemia e destruição de tecido cerebral.
Partículas	Antropogênicas	Combustão, processos industriais, condensação de outros poluentes, extração de minerais.	Alergias respiratórias. Vetor de outros poluentes (metais pesados, compostos orgânicos carcinogênicos).
	Naturais	Erosão eólica, vulcanismo.	
CFC	Antropogênicas	Aerossóis, sistemas de refrigeração, espumas, sistemas de combate a incêndios.	Destruição da camada de ozônio. Contribuição para o efeito estufa.

Fonte: Radicchi, 2012.

4.1.4 Como podemos diminuir a poluição do ar?

Variadas ações podem auxiliar na redução da poluição do ar, como:

» diminuição do uso de combustíveis fósseis, utilizando menos automóveis e mais meios de mobilidade alternativos;
» implantação de sistemas de transporte ambientalmente adequados;
» regulação constante dos automóveis para evitar a queima descontrolada de combustíveis;
» instalação de sistemas que controlem a emissão de gases poluentes nas indústrias;
» conservação de florestas, reservas ambientais e áreas de proteção ambiental, bem como reflorestamento das áreas degradadas;
» criação de áreas verdes nos espaços urbanos, como bosques, praças e parques, e manutenção dos locais que já existem;
» controle e fiscalização das queimadas.

4.2 Ambiente e água

A água, um bem essencial à vida, cobre aproximadamente 71% do planeta. Em sua composição, há dois elementos químicos: hidrogênio e oxigênio (duas moléculas de hidrogênio e uma de oxigênio: H_2O ou HOH). Como muitas substâncias se dissolvem na água, ela é também chamada de *solvente universal*.

> Cerca de 75% do corpo humano é composto de água.

A superfície da Terra é formada por 97,5% de água salgada e apenas 2,5% de água doce e própria para consumo. Conforme o Gráfico 4.2, desses 2,5%, 68,9% correspondem às geleiras e calotas polares; 29,9% são águas subterrâneas; 0,9% compõe a umidade do solo e pântanos; e apenas 0,3% constitui a água doce armazenada nos rios e nos lagos, efetivamente disponível para uso em diferentes atividades.

Gráfico 4.2 – Distribuição da água no mundo

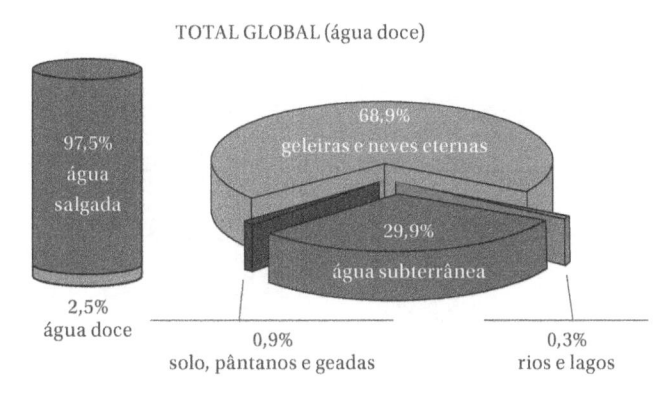

TOTAL GLOBAL (água doce)

- 97,5% água salgada
- 2,5% água doce
- 68,9% geleiras e neves eternas
- 29,9% água subterrânea
- 0,9% solo, pântanos e geadas
- 0,3% rios e lagos

Fonte: Shiklomanov, 1998, citado por Tundisi, 2003.

No século XX, a população mundial triplicou, e a necessidade por água aumentou aproximadamente nove vezes. De acordo com Barlow e Clarke (2003), estima-se que, em um período de 25 anos, até 2/3 da população mundial estará vivendo com severa escassez de água doce. Os autores salientam que essa é a guerra invisível da água, pois, além de ser responsável pela degradação ambiental, compromete a saúde humana em virtude da falta de tratamento adequado, e as pessoas, principalmente as crianças, são vítimas de diarreia, cólera, esquistossomose, entre outras doenças. Mais de 1 bilhão de pessoas não têm acesso à água potável e a serviços de saneamento básico.

A distribuição dessa pequena porcentagem de água doce disponível para o consumo é irregular no mundo, conforme o Mapa 4.1. Em alguns países, a água é praticamente escassa e, em outros, relativamente abundante.

Mapa 4.1 – Distribuição espacial da água pelos territórios políticos do mundo

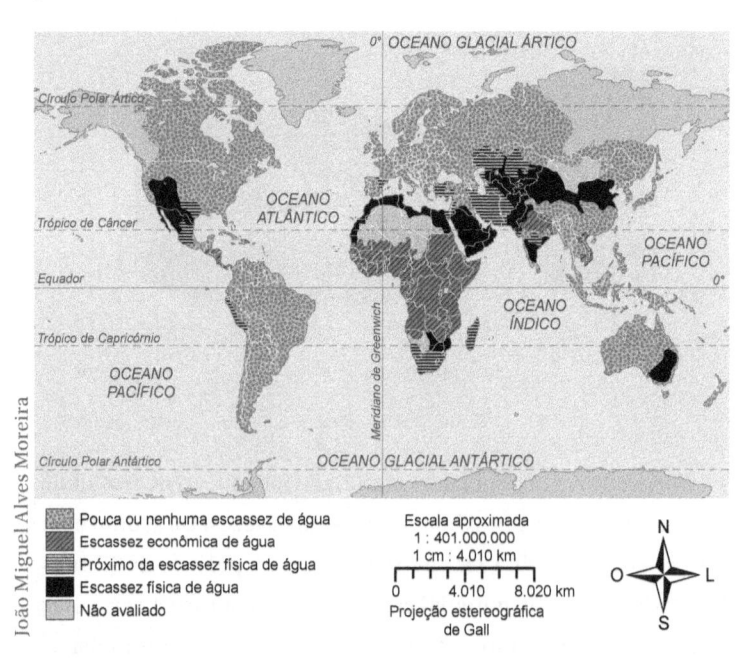

Pouca ou nenhuma escassez de água
Escassez econômica de água
Próximo da escassez física de água
Escassez física de água
Não avaliado

Escala aproximada
1 : 401.000.000
1 cm : 4.010 km
0   4.010   8.020 km
Projeção estereográfica de Gall

Fonte: Molden, 2007, tradução nossa.

Muitos países do continente africano apresentam escassez econômica de água, ou seja, não têm condições para explorar devidamente seus recursos hídricos. Na Ásia, com destaque para o Oriente Médio, a água está quase totalmente indisponível. Alguns conflitos do século XXI tendem a se resumir a disputas por territórios em que existem mais recursos hídricos.

O Brasil é um grande privilegiado no que se refere às reservas de água; contudo, a distribuição se dá de forma irregular no território, havendo reservas maiores justamente nas regiões menos habitadas do país.

4.2.1 Distribuição de água no Brasil

A bacia hidrográfica, área de captação natural da água de precipitação que faz convergir o escoamento para um único ponto de saída, é composta de um conjunto de superfícies vertentes e de uma rede de drenagem formada por cursos de água que confluem até resultar em um leito único no seu exutório (Tucci, 1997).

Segundo a Agência Nacional de Águas, o Brasil, por sua grande extensão territorial, apresenta 12 grandes bacias hidrográficas (Brasil, 2017e), conforme o Mapa 4.2. São elas: Bacia Hidrográfica Amazônica, Bacia Hidrográfica do Tocantins-Araguaia, Bacia Hidrográfica Atlântico Nordeste Ocidental, Bacia Hidrográfica do Parnaíba, Bacia Hidrográfica Atlântico Nordeste Oriental, Bacia Hidrográfica do São Francisco, Bacia Hidrográfica Atlântico Leste, Bacia Hidrográfica do Paraguai, Bacia Hidrográfica do Paraná, Bacia Hidrográfica do Sudeste, Bacia Hidrográfica do Uruguai e Bacia Hidrográfica Atlântico Sul.

Mapa 4.2 – Distribuição da população brasileira por bacia hidrográfica

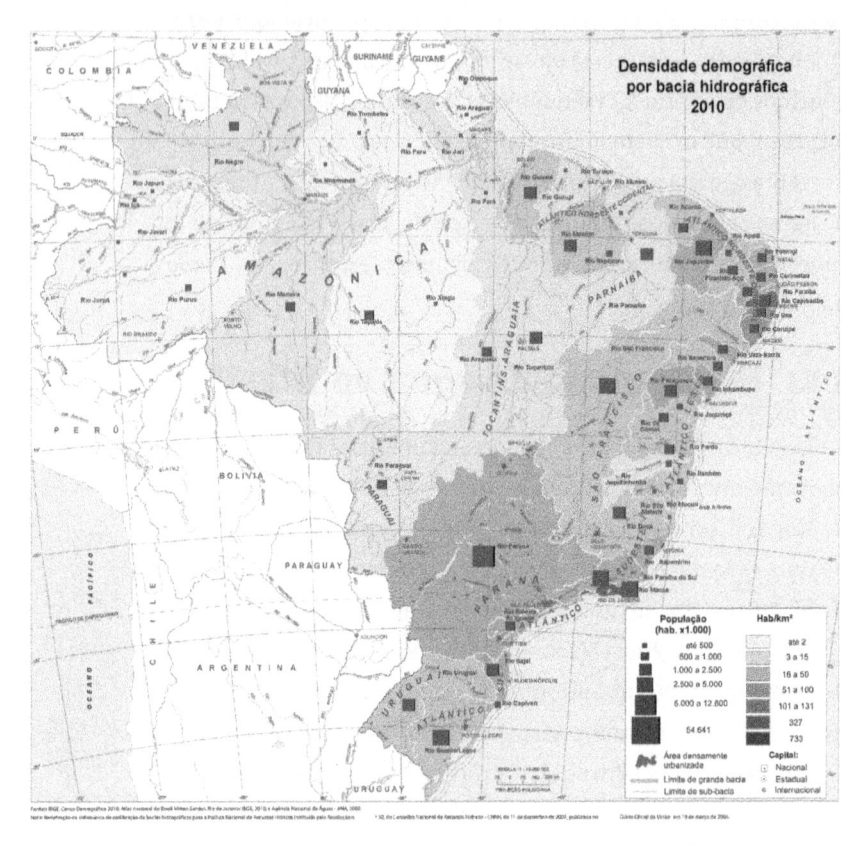

Fonte: IBGE, 2010.

Nota: Mapa fora de escala.

No território brasileiro, de acordo com o Ministério do Meio Ambiente, há cerca de 12% de toda a água doce do planeta (Brasil, 2017a). Ao todo, são 200 mil microbacias espalhadas em 12 regiões hidrográficas, como a do São Francisco, a do Paraná e a Amazônica (a mais extensa do mundo, com 60% dela localizada no Brasil). É um enorme potencial hídrico, capaz de prover um volume de água por pessoa 19 vezes superior ao mínimo estabelecido pela

Organização das Nações Unidas (ONU): de 1.700 m³/s por habitante por ano.

A Lei n. 9.433, de 8 de janeiro de 1997 (Brasil, 1997) – Lei das Águas –, instituiu a Política Nacional de Recursos Hídricos (PNRH) e criou o Sistema Nacional de Gerenciamento de Recursos Hídricos (Singreh). A água é considerada um bem de domínio público e um recurso natural limitado, dotado de valor econômico. A lei prevê que a gestão dos recursos hídricos deve proporcionar os usos múltiplos das águas, de forma descentralizada e com a participação do poder público, dos usuários e das comunidades. Determina também que, em situações de escassez, o uso prioritário da água é para o consumo humano e a dessedentação de animais (Brasil, 2017a).

> A demanda por bens manufaturados também está aumentando, o que, por sua vez, impõe maior pressão sobre os recursos hídricos. Entre 2000 e 2050, estima-se que a demanda da indústria por água crescerá até 400%. Porém, enquanto a demanda por água aumenta exponencialmente – espera-se um aumento por volta de 55% até 2050 – e 20% das fontes mundiais de água subterrânea já estão sendo superexploradas, ainda não há um gerenciamento sustentável dos recursos. A irrigação intensa de plantações, a liberação descontrolada de pesticidas e produtos químicos em cursos-d'água e a ausência de tratamento de esgoto – que são o caso para **90% das águas residuais em países em desenvolvimento** – são provas dessa situação. (Unesco, 2015, grifo do original)

Apesar da abundância de água no Brasil, o acesso não é igual para todos, como mostra a Tabela 4.1.

Tabela 4.1 – Distribuição dos recursos hídricos e densidade demográfica no Brasil

Região	Densidade demográfica (hab./km^2)	Concentração dos recursos hídricos do país
Norte	4,12	68,5%
Nordeste	34,15	3,3%
Centro-Oeste	8,75	15,7%
Sudeste	86,92	6%
Sul	48,58	6,5%

Fonte: Elaborado com base em IBGE, 2010.

Conforme podemos observar, a Região Norte apresenta baixa densidade de habitantes (4,12 por quilômetro quadrado), mas, em contrapartida, concentra 68,5% dos recursos hídricos do Brasil. A maior parte destes encontra-se nos rios da Bacia do Rio Amazonas. No Nordeste, região com a menor concentração de recursos hídricos do país (apenas 3,3%), os problemas relacionados à seca geralmente não ocorrem na costa litorânea, onde se concentra a maior população dos estados, mas na área denominada *polígono das secas*, onde a densidade demográfica é menor. Isso mostra que a falta de água não está necessariamente relacionada à quantidade de habitantes, mas às questões administrativas e políticas que permeiam as diferentes esferas governamentais. Na Região Centro-Oeste, com densidade demográfica média de 8,75 habitantes por quilômetro quadrado e cerca de 15,7% dos recursos hídricos do país, a água é relativamente bem distribuída, embora haja no Pantanal Mato-Grossense uma maior concentração dessa substância. O Sudeste é a região com a maior densidade demográfica do país, com quase 87 habitantes por quilômetro quadrado – média que se acentua muito nas áreas das grandes cidades, principalmente São Paulo, Rio de Janeiro e Belo Horizonte –, mas conta somente com 6% dos recursos hídricos. A cidade de São Paulo é a que mais tem enfrentado problemas com a falta de água. O Sul do Brasil, formado pelos estados do Paraná, de Santa Catarina e do Rio Grande do Sul, apresenta um desequilíbrio menor se comparado ao Sudeste; contudo, ainda assim, sua situação é preocupante. Com uma densidade demográfica de 48,58 habitantes por quilômetro quadrado e aproximadamente 15% da população brasileira, essa região detém cerca de 6,5% da água potável do país.

Em geral, a má distribuição de água no Brasil pode ser minimizada com políticas de planejamento e ações públicas socioambientais. Sem sombra de dúvida, a conservação de rios, mananciais e reservas florestais, além de políticas de educação ambiental, é de suma importância para a preservação da água.

4.2.2 Desafios no Brasil

Segundo Tundisi (2014), citando Barbosa (2008) e Mea (2005), ao considerarmos as necessidades estratégicas para a conservação de recursos hídricos no Brasil, em um horizonte de 30 anos, será necessário apresentar algumas questões fundamentais relacionadas à disponibilidade e à demanda, bem como aos impactos provenientes das múltiplas atividades humanas: desempenho da economia; aumento das pressões sobre a disponibilidade dos recursos hídricos; aumento e diversificação da demanda; crescimento da população; crescimento das diferentes classes de estrutura econômica e urbanização; aumento da diversificação de renda, que geralmente transforma a demanda por recursos hídricos; necessidade de suprimento adequado de água, com saneamento básico disponível a toda a população; resolução dos passivos ambientais; poluição e contaminação como resultados do crescimento populacional e da economia do Brasil nos últimos anos; entre outras.

A resolução de problemas sociais e de saúde pública, consequências da falta de acesso à água de boa qualidade, é uma prioridade. Ainda de acordo com Tundisi (2014), devemos considerar que a expansão urbana e a instalação de infraestrutura (geração de energia, rodovias, canais, portos etc.) geram pressões adicionais sobre os recursos hídricos superficiais e subterrâneos.

O principal desafio, segundo Gomes e Barbieri (2004), é a gestão sustentável da água para que as atuais gerações supram suas necessidades sem comprometer a possibilidade de as futuras gerações também o fazerem. A gestão do suprimento implica a implementação de políticas de identificação e desenvolvimento de novas fontes de água e a introdução de instrumentos que promovam sua conservação e seu uso eficiente.

O planejamento deve ser compartilhado, na prática, entre o poder público, as organizações da sociedade civil e os usuários, integrando decisões sobre desenvolvimento sustentável, uso da água, saneamento e meio ambiente e envolvendo uma diversidade de agentes com objetivos sistêmicos, a fim de que se convirja para o interesse de um todo equilibrado, no qual todas as pessoas tenham acesso à água de qualidade.

A crise pela falta de água discutida em âmbito global é mais grave neste século em virtude do crescimento populacional, do aumento da poluição ambiental, do consumismo e da ausência de políticas que orientem a minimização dos desperdícios em diferentes escalas, bem como de políticas públicas de reutilização da água. Tundisi (2003, p. 206) afirma que a

> solução para os problemas da água está, por um lado, nos avanços tecnológicos necessários (soluções científicas e de engenharia) e, por outro, nos avanços políticos, gerenciais e de organização institucional em

nível de bacias hidrográficas, consórcios de municípios, bacias interestaduais e internacionais.

É urgente a implantação de programas de conservação e reutilização da água, com a conservação de rios, lagos e drenagens em geral.

4.3 Ambiente e biodiversidade brasileira

O Brasil é um país gigante, com 8,5 milhões de quilômetros quadrados, que ocupa quase a metade da América do Sul, segundo o Ministério do Meio Ambiente (Brasil, 2017f). Abrange várias zonas climáticas, como o trópico úmido, no Norte; o semiárido, no Nordeste; e as áreas temperadas, no Sul. Tais diferenças climáticas levam a grandes variações ecológicas, formando zonas biogeográficas distintas ou biomas: a Floresta Amazônica, maior floresta tropical úmida do mundo; o Pantanal, maior planície inundável; o Cerrado, de savanas e bosques; a Caatinga, de florestas semiáridas; os campos dos Pampas; e a floresta tropical pluvial da Mata Atlântica. Além disso, o Brasil tem uma costa marinha de 3,5 milhões de quilômetros quadrados, que inclui ecossistemas como recifes de corais, dunas, manguezais, lagoas, estuários e pântanos. A variedade de biomas reflete a enorme riqueza da flora e da fauna brasileiras, abrigando a maior biodiversidade do planeta. Essa abundante variedade de vida traduz mais de 20% do número total de espécies da Terra.

A variedade de vida no planeta é chamada *biodiversidade* e engloba desde os vírus microscópicos até os seres humanos. Envolve comunidades e relacionamentos por meio da inter-relação entre os seres vivos.

O Brasil abriga uma rica sociobiodiversidade, representada por mais de 200 povos indígenas e por diversas comunidades, como quilombolas, caiçaras, seringueiros, entre outras que reúnem um inestimável acervo de conhecimentos tradicionais. Além disso, muitas das espécies brasileiras são endêmicas e têm importância econômica mundial, como o abacaxi, o amendoim, a castanha-do-brasil (ou castanha-do-pará), a mandioca, o caju e a carnaúba (Brasil, 2017f).

> Produtos da biodiversidade respondem por 31% das exportações brasileiras, com destaque para o café, a soja e a laranja. As atividades de extrativismo florestal e pesqueiro empregam mais de três milhões de pessoas. A biomassa vegetal, incluindo o etanol da cana-de-açúcar, e a lenha e o carvão derivados de florestas nativas e plantadas respondem por 30% da matriz energética nacional – e em determinadas regiões, como o Nordeste, atendem a mais da metade da demanda energética industrial e residencial. Além disso, grande parte da população brasileira faz uso de plantas medicinais para tratar seus problemas de saúde. (Brasil, 2017f)

4.3.1 Domínios morfoclimáticos brasileiros

O Brasil, país com grande variação de latitudes de norte a sul, apresenta grande diversidade tanto climática quanto biológica. Dessa forma, para uma melhor compreensão das regiões do país, abordamos a obra *Os domínios de natureza no Brasil: potencialidades paisagísticas*, do geógrafo Aziz Nacib Ab'Saber, que se baseia em um modelo de domínios da classificação da paisagem natural do Brasil. Esses domínios são classificados conforme as semelhanças de clima, relevo, vegetação, solo e hidrografia de uma região específica, configurando um modelo completo por considerar vários elementos geográficos que compõem o quadro natural de uma região. Os seis domínios morfoclimáticos brasileiros são: Amazônico (terras baixas florestadas equatoriais), Cerrado (chapadões tropicais interiores com cerrados e florestas-galerias), Mares de Morro (áreas mamelonares tropicais atlânticas), Caatinga (depressões intermontanas e interplanálticas semiáridas), Araucárias (planaltos subtropicais com araucárias) e Pradarias (coxilhas subtropicais com pradarias mistas). Além desses domínios, Ab'Saber considera as áreas de transição, ou seja, a ligação entre um domínio e outro marcada por especificidades morfológicas.

Mapa 4.3 – Domínios morfoclimáticos brasileiros

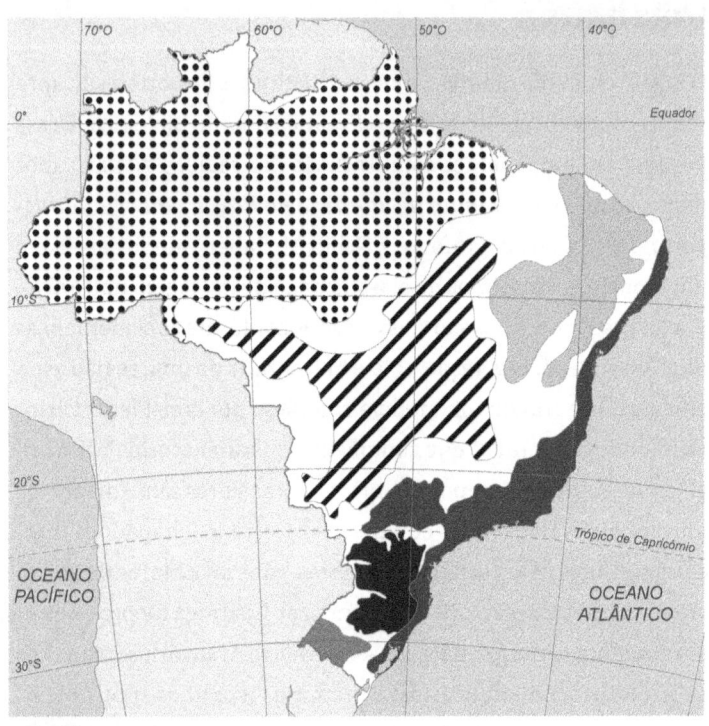

Domínios

- AMAZÔNICO: terras baixas florestadas equatoriais
- CERRADO: chapadões tropicais interiores com cerrados e florestas-galerias
- MARES DE MORROS: Áreas mamelonares tropicais-atlânticas florestadas
- CAATINGAS: Depressões intermontanas e interplanálticas semi-áridas
- ARAUCÁRIA: Planaltos subtropicais com araucárias
- PRADARIAS: Coxilhas subtropicais com pradarias mistas
- Faixas de transição (não diferenciadas)

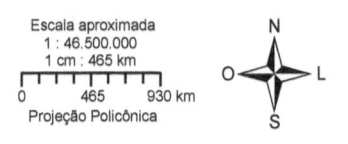

Escala aproximada
1 : 46.500.000
1 cm : 465 km

0   465   930 km

Projeção Policônica

Fonte: Ab'Saber, 2003.

Amazônico – terras baixas florestadas equatoriais

O domínio Amazônico, chamado pelo professor Ab'Saber de *macrodomínio*, é considerado o maior domínio morfoclimático brasileiro, com aproximadamente 5 milhões de quilômetros quadrados posicionados nos dois lados da Linha do Equador. Compreende toda a Região Norte brasileira, o norte do estado de Mato Grosso e o oeste do estado do Maranhão. Destaca-se pelo grande volume de suas terras florestadas, pela ampla variabilidade de seus ecossistemas e por sua extensa rede hidrográfica, graças à grande pluviosidade local. O clima da Amazônia é um dos mais homogêneos e de ritmo anual habitual mais constante de todo o Brasil intertropical, com atuação de massas de ar quentes e úmidas e médias térmicas de aproximadamente 25 °C.

Segundo Dalmolin e Caten (2012, p. 186),

> Os solos que predominam nessa região são Latossolos, naturalmente com baixa fertilidade e com teores de alumínio elevados. Por estarem em equilíbrio com a floresta, o processo de biociclagem e a alta umidade garantem a exuberância da vegetação. Em uma condição natural de não exportação, as plantas se sucedem retirando da matéria orgânica do solo os nutrientes necessários para seu crescimento e desenvolvimento. Até que, ao final de seu ciclo de vida, elas mesmas contribuam para a reposição dos nutrientes necessários a novas plantas.

Figura 4.2 – Floresta Amazônica

Filipe Frazao/Shutterstock

Alguns atrativos da Amazônia têm sido colocados em risco em razão de explorações e do avanço da fronteira agropecuária. É grande a degradação ambiental nessa área, além de desmatamentos, queimadas e extinção de espécies. Esse domínio tem sido bastante explorado pelas atividades humanas nos últimos anos.

Cerrado – chapadões tropicais interiores com cerrados e florestas-galerias

O Cerrado está situado em áreas de chapadões centrais com cerca de 1,9 milhão de quilômetros quadrados. Predomina no Centro-Oeste do Brasil, sobretudo nos estados de Goiás, Mato Grosso e Mato Grosso do Sul. O clima dominante é o tropical quente, com uma estação seca alternando com estação chuvosa. A temperatura média anual é variável, caracterizando a existência de amplitude térmica sazonal, pois a temperatura mínima varia entre 20 °C a 22 °C, e a máxima, entre 24 °C e 26 °C. Os solos predominantes são do tipo latossolo e apresentam intensa lixiviação, acidez e baixa fertilidade. O Cerrado é composto de vegetação de pequeno porte, com árvores tortuosas de raízes profundas e cascas e folhas grossas. A hidrografia também merece destaque, visto que muitas de suas nascentes abastecem importantes rios da América do Sul. O relevo é constituído principalmente de planaltos, além de chapadas, que atraem muitos turistas, como a dos Veadeiros, em Goiás (Figura 4.3); a Diamantina, na Bahia; e a dos Guimarães, em Mato Grosso.

Figura 4.3 – Parque Federal da Chapada dos Veadeiros, em Alto Paraíso de Goiás – GO

Mares de Morro – áreas mamelonares tropicais atlânticas

O domínio Mares de Morro recebe esse nome em virtude de sua aparência geomorfológica, conhecida como *mamelonar* ou *morros arredondados*. As formas predominantes de relevo são os planaltos, além das depressões litorâneas. Com aproximadamente 650 mil quilômetros quadrados, compreende a área do estado do Rio Grande do Norte até o do Rio Grande do Sul.

Figura 4.4 – Mares de Morro

Jaboticaba Fotos/Shutterstock

Esse domínio apresenta um contínuo de florestas, hoje intensamente devastado, constituído pela Mata Atlântica. A cobertura vegetal da Floresta Atlântica recobre interflúvios, vertentes e fundos de vales. A vegetação proporciona menor insolação sobre o solo, criando um microclima no interior da floresta em razão da maior carga de umidade do ar. Influenciado pela massa polar atlântica, o clima é tropical úmido, favorecendo a umidade e a precipitação. As paisagens são diversas, indo desde tabuleiros ondulados no Nordeste até esporões e costões rochosos na serra do mar e pães de açúcar, além de penedos e pontões rochosos na linha de costa, como acontece no Rio de Janeiro.

Desde o período da colonização portuguesa, esse domínio está em desequilíbrio antrópico. A floresta da Mata Atlântica é a mais devastada entre todos os biomas brasileiros.

Caatinga – depressões intermontanas e interplanálticas semiáridas

Localizada no Nordeste do Brasil, a Caatinga se estende por aproximadamente 850 mil quilômetros quadrados. O relevo da região é marcado por depressões relativas, circundadas por áreas de planaltos. O clima semiárido é caracterizado pelo baixo índice de precipitação e, por isso, os solos costumam ser pouco profundos, gerando intemperismos físicos, mas, mesmo assim, apresentam uma boa quantidade de minerais utilizados pelas plantas. Nessa paisagem, é comum haver plantas xerófilas, adaptadas a pouca água, como xiquexique, mandacaru e variadas cactáceas. Outros exemplos desse domínio são as espécies vegetais de juazeiro, aroeira, baraúna e maniçoba. Convém destacar a importância do Rio São Francisco, que possibilitou a construção de grandes usinas hidrelétricas para a obtenção de energia elétrica na área da Caatinga.

Figura 4.5 – Caatinga

Kleber Cordeiro/Shutterstock

A Caatinga sofre muito com a ação antrópica, responsável por devastar sua formação original, o que vem contribuindo para a elevação dos índices de desertificação na região.

Araucárias – planaltos subtropicais com araucárias

Compreendido no Sul do Brasil, com aproximadamente 400 mil quilômetros quadrados de extensão, o domínio Araucárias é ocupado pelas matas de araucárias, também chamadas de *pinheiro-do-paraná*. Ocorre na área do planalto meridional brasileiro, cuja altitude varia entre 800 e 1.300 metros, com clima subtropical úmido. A massa polar atlântica influencia bastante o clima nesse domínio, propiciando baixas temperaturas no inverno, sobretudo em áreas de maior altitude, podendo haver neve. A regularidade da distribuição das chuvas favorece a perenidade dos cursos de água. Em Foz do Iguaçu, na fronteira entre o Brasil, a Argentina e o Paraguai, foi construída no Rio Paraná a barragem da represa de Itaipu, considerada uma das maiores do mundo. O solo é formado principalmente por latossolos brunos, mas também são encontrados latossolos roxos, cambissolos, terras brunas e solos litólicos, que, em razão da grande fertilidade natural, proporcionam potencialidade agrícola.

Figura 4.6 – Floresta de araucárias

Lisandro Luis Trarbach/Shutterstock

A quantidade de árvores araucárias nessa região diminuiu significativamente em virtude da descontrolada exploração para a produção de celulose.

Pradarias - coxilhas subtropicais com pradarias mistas

O domínio Pradarias, localizado no extremo sul do Brasil, é chamado de *Pampa* ou *Campanha Gaúcha*. Com clima subtropical de zonas temperadas úmidas e subúmidas, pode ocorrer estiagem durante o ano e a amplitude térmica alcança índices elevados, como em Uruguaiana, município com a mais alta amplitude do país. A vegetação desse domínio é composta de herbáceas. O solo é constituído de paleossolo vermelho e paleossolo claro, sendo pouco espesso e com indícios de pedrugosidade. Seus problemas erosivos resultam em ravinas e voçorocas, ampliando-se rapidamente e originando o chamado *Deserto dos Pampas*. Apresenta rios de grande vazão, como o Ibicuí, o Uruguai e o Santa Maria.

Figura 4.7 - Pradarias

4.4 Ambiente e energia

Existem vários conceitos para energia. No entanto, a maioria deles converge no sentido de realizar trabalho, de gerar força em determinado corpo, substância ou sistema físico.

De acordo com Goldemberg e Lucon (2007), energia, ar e água são ingredientes essenciais à vida humana. Nas sociedades primitivas, seu custo era praticamente zero. A energia para aquecimento e atividades domésticas, como cozinhar, era obtida da lenha das florestas. Aos poucos, porém, o consumo energético foi crescendo tanto que outras fontes se tornaram necessárias.

Durante a Idade Média, as energias de cursos de água e vento eram utilizadas, mas em quantidades insuficientes para suprir as necessidades de populações crescentes, sobretudo nas cidades. Após a Revolução Industrial, foi preciso usar mais carvão, petróleo e gás, que têm um custo elevado de produção e de transporte até os centros consumidores.

Basicamente, as formas de energia se dividem em dois tipos, conforme a capacidade natural de reposição de seus recursos: fontes renováveis e fontes não renováveis. As fontes renováveis de energia são aquelas provindas da natureza e com capacidade de se regenerarem; todavia, isso não significa que são inesgotáveis. A luz solar e o vento são constantes; por outro lado, a água pode acabar, dependendo de como é utilizada. No Brasil, alguns exemplos de energia renovável são:

» **Energia solar**: é aproveitada do Sol, ou seja, vem da radiação solar, sendo considerada pelos seres humanos inesgotável, renovável e umas das energias mais sustentáveis do planeta. Trata-se de uma forma de energia captada por meio de tecnologia, gerando energia térmica ou elétrica para uso em residências ou indústrias. "A primeira instalação de equipamentos de energia solar térmica ocorreu no deserto do Saara, aproximadamente em 1910, quando um motor foi alimentado pelo vapor produzido através do aquecimento d'água utilizando-se a luz solar" (Portal Solar, 2018).

» **Energia eólica**: provinda do vento, é também considerada um recurso energético inesgotável e renovável. O Nordeste tem condição muito favorável de vento e, por conta disso, existe nessa região a maior instalação de parques solares e eólicos. Apesar de, nos últimos anos, a utilização de energia eólica ter se expandido consideravelmente, os dados mostram que, comparada com a proporção do território nacional, ela ainda é incipiente (Brasil, 2017b).

» **Energia hidrelétrica**: é aproveitada da água dos rios para a movimentação das turbinas e a geração de eletricidade. Merecem destaque no país as usinas hidrelétricas de Itaipu, no Rio Paraná; de Tucuruí, no Rio Tocantins; de Ilha Solteira, no Rio Paraná; e de Xingó, no Rio São Francisco. O Brasil conta com redes hidrográficas abundantes, sendo essa a principal fonte de energia no país.

» **Biomassa**: consiste na queima de substâncias de origem orgânica para a produção de energia. Ocorre por meio de material constituído, principalmente, de substâncias de origem orgânica, ou seja, vegetais e animais. A energia é obtida da combustão de lenha, bagaço de cana-de-açúcar, resíduos florestais ou agrícolas, casca de arroz, pó de serra, excrementos de animais etc. Durante a queima, o dióxido de carbono produzido é utilizado pela própria vegetação na realização da fotossíntese. Alguns estudos citam que os biocombustíveis também são considerados um tipo de biomassa, já que são produzidos a partir de vegetais, como a cana-de-açúcar na produção de etanol.

» **Energia das marés (maremotriz)**: é gerada por alterações no nível das marés. É uma forma de geração de eletricidade obtida por meio de barragens (aproveitamento da diferença de altura entre as marés alta e baixa) ou de turbinas submersas.

> Mesmo as fontes renováveis de energia estão sujeitas a emissão de poluentes ou a impactos ambientais em larga escala.

As fontes não renováveis de energia são provindas de recursos naturais esgotáveis, ou seja, finitos. Alguns podem provocar problemas ambientais, por exemplo, na extração e na comercialização de suas matérias-primas. No Brasil, atualmente, as principais fontes de energia não renováveis são petróleo, energia hidrelétrica, carvão mineral e biocombustíveis. Outras são utilizadas em menor escala, como o gás natural e a energia nuclear.

» **Petróleo**: é um combustível fóssil composto, sobretudo, de hidrocarbonetos. Após seu refinamento, dá origem a vários subprodutos utilizados como fontes de energia para veículos motores, principalmente por meio da produção de gasolina.

» **Carvão mineral**: é considerado um combustível fóssil. Dependendo da condição ambiental e da época de sua formação, pode ser classificado como turfa, linhito, antracito e hulha. No Brasil, sua produção se concentra, principalmente, nos estados do Rio Grande do Sul e de Santa Catarina. Sua produção é destinada à geração de energia termelétrica e como matéria-prima principal para as indústrias siderúrgicas.

» **Gás natural**: também é considerado um combustível fóssil, geralmente produzido de forma conjunta ao petróleo. É predominantemente utilizado na produção de gás de cozinha, no abastecimento de indústrias e usinas termoelétricas e na produção de combustíveis automotores.

» **Energia nuclear**: a produção de eletricidade pela energia nuclear acontece por intermédio do aquecimento da água, que se transforma em vapor e ativa os geradores de energia. Geralmente, as usinas nucleares são vistas de forma polêmica por conta do lixo radioativo que produzem.

Um dos maiores desafios da humanidade atualmente é descobrir uma forma de reestruturar seu modo de produção e o consumo da energia respeitando-se a questão ambiental.

Síntese

Neste capítulo, fizemos um panorama sobre quatro temas muito interessantes no contexto socioambiental, os quais perpassam a ciência geográfica: o ar, a água, a biodiversidade e a energia. Abordamos, de forma introdutória, o modo como esses conceitos se configuram no território brasileiro. Além disso, discorremos sobre a influência da ação antrópica que afeta nosso ambiente e mostramos como são grandes os desafios no sentido de minimizar a degradação ambiental em um país tão extenso e com uma biodiversidade tão exuberante.

Indicação cultural

HOME: o mundo é a nossa casa. Direção: Yann Arthus-Bertrand. França, 2009. 120 min.

Esse documentário, lançado no Dia Mundial do Meio Ambiente (5 de junho), apresenta imagens incríveis da Terra e explora a questão da necessidade do equilíbrio ecológico na atualidade.

Atividades de autoavaliação

1. O efeito estufa é algo imprescindível para a sobrevivência humana na Terra. Sobre esse assunto, é correto afirmar:
   a) Intensificado pela ação antrópica, é benéfico para a atmosfera terrestre.
   b) Sua intensificação ocorre, principalmente, por conta das atividades antrópicas que proporcionam emissões de gases de efeito estufa.
   c) A queima do óleo diesel e da gasolina, sobretudo nas cidades, não influencia a intensificação do efeito estufa.
   d) A maioria dos pesquisadores, em escala mundial, afirma que a Terra está passando pelo processo de resfriamento global.

2. O território brasileiro, segundo o Ministério do Meio Ambiente, abrange cerca de 12% de toda a água doce do planeta (Brasil, 2017e). Nesse sentido, é correto afirmar:
   a) Apesar da abundância de água no Brasil, o acesso a esse recurso não é igual para todos.
   b) O Nordeste é a região do país onde há a maior concentração de recursos hídricos.
   c) O Sudeste, região com a menor densidade demográfica do país, conta com a maior porcentagem de recursos hídricos.
   d) Na Região Amazônica encontra-se a menor concentração de recursos hídricos do Brasil.

3. A obra *Os domínios de natureza no Brasil: potencialidades paisagísticas*, do geógrafo Aziz Nacib Ab'Saber, baseia-se em um modelo de domínios da classificação da paisagem natural do Brasil. Sobre esses domínios, é correto afirmar:

a) A massa polar atlântica tem sua principal atuação no Domínio Amazônico.
b) O Cerrado é predominantemente composto de vegetação de grande porte e de árvores frondosas.
c) É no domínio Araucárias que se verificam as temperaturas mais elevadas do Brasil.
d) A floresta da Mata Atlântica, que vem sendo destruída desde o período da colonização portuguesa, é considerada um dos domínios mais devastados do Brasil.

4. As fontes de energia no Planeta Terra podem ser divididas em dois tipos, conforme a capacidade natural de reposição de seus recursos: fontes renováveis e fontes não renováveis. A respeito desse assunto, marque V para as afirmativas verdadeiras e F para as falsas.

( ) O petróleo, principal fonte de energia brasileira, é um combustível fóssil que dá origem a vários subprodutos, sendo utilizado como fonte de energia para veículos motores, sobretudo por meio da produção de gasolina.

( ) As fontes não renováveis de energia são aquelas que se utilizam de recursos naturais esgotáveis, ou seja, limitados na natureza.

( ) Toda fonte renovável de energia é limpa, ou seja, está livre da emissão de poluentes ou de impactos ambientais em larga escala.

( ) O carvão mineral é considerado um combustível fóssil e sua produção se concentra no Norte do Brasil.

( ) A energia aproveitada pelo Sol, tida como inesgotável, é captada por meio de tecnologia, gerando energia térmica ou elétrica para uso em residências ou indústrias.

Assinale a alternativa que corresponde à sequência correta:
a) V, V, V, F, F.
b) F, F, V, V, V.
c) V, V, F, F, V.
d) V, V, V, F, V.
e) V, V, F, F, F.

5. Segundo o Ministério do Meio Ambiente, o Brasil é um país gigante, com 8,5 milhões de quilômetros quadrados, que ocupa quase a metade da América do Sul (Brasil, 2017f). Acerca desse assunto, leia as sentenças a seguir.
   I. As diferenças climáticas levam a grandes variações ecológicas, formando zonas biogeográficas distintas ou biomas no território brasileiro.
   II. O Brasil tem uma costa marinha de 3,5 milhões de quilômetros quadrados, que inclui ecossistemas como recifes de corais, dunas, manguezais, lagoas, estuários e pântanos.
   III. A variedade de biomas no Brasil reflete a escassez de sua biodiversidade.

Está(ão) correta(s) apenas a(s) afirmativa(s):
a) II.
b) II e III.
c) I e III.
d) I e II.
e) III.

Atividades de aprendizagem

Questões para reflexão

1. Aproximadamente 85% da população brasileira vive em áreas urbanas. Desde o início do século XX, a poluição atmosférica, sobretudo nos centros urbanos, tem sido identificada como um grave problema de saúde pública. Analise essa afirmação e reflita sobre os impactos da poluição atmosférica nos centros urbanos.

2. Após o estudo deste capítulo, relativo aos problemas socioambientais contemporâneos, como podemos minimizar os impactos ambientais causados na atmosfera, na água, na biodiversidade e em fontes de energia?

Atividade aplicada: prática

1. Com base no que foi discutido neste capítulo, realize uma pesquisa sobre a região onde você mora. Observe quais são suas principais características físicas, qual é sua classificação climática, qual é a bacia hidrográfica dominante e em qual domínio morfoclimático ela está localizada, bem como se existe alguma fonte de energia renovável na região.

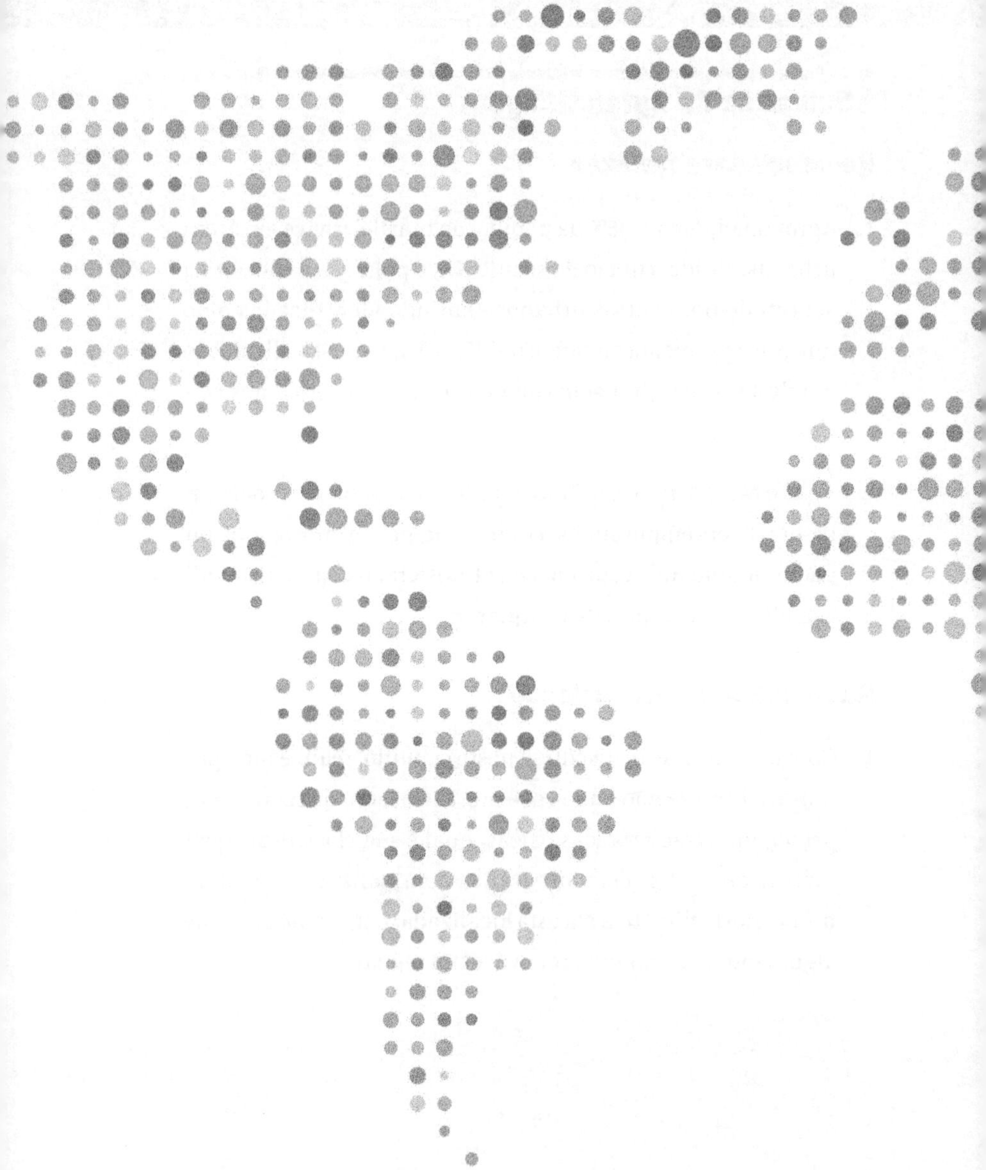

5
Temas e conceitos da geografia ensinados nas escolas

A composição dos currículos escolares tem sido objeto de pesquisa dos que se interessam pela educação formal, e os questionamentos a respeito do assunto ensejaram estudos importantes. Interroga-se, por exemplo, por que algumas disciplinas se consolidaram e se mantêm há séculos no ensino escolar ou, ainda, por que os conhecimentos ensinados nessas disciplinas – mesmo tendo sofrido alterações – permanecem validados e relevantes para a formação das novas gerações.

A Geografia é uma dessas disciplinas com lugar consolidado no currículo escolar. A importância do saber ensinado por ela foi determinada desde antes de se constituir em uma disciplina acadêmica ou em um curso superior de formação de pesquisadores e professores. Contudo, os temas e os conceitos que definiram e definem os conhecimentos a serem ensinados pela geografia escolar sofreram variações ao longo do tempo. Por que isso ocorreu? Quais foram essas mudanças? Houve permanências? É sobre isso que discorreremos neste capítulo.

5.1 Ponto de partida

A seleção de conteúdos que compõem um currículo escolar atende aos interesses sociais e políticos de determinado contexto histórico, sendo resultante, portanto, de relações de poder instituídas na sociedade. O currículo é um documento histórico, comprobatório do projeto de futuro da sociedade que o construiu e, assim, não é neutro (Silva, 2004). A geografia participou e ainda participa dessas relações, compondo o atual projeto educacional. Para compreender esse vínculo, essa participação, cabe uma breve retrospectiva histórica sobre os conhecimentos ensinados pela geografia na escola básica. Para isso, será preciso tomar, de alguns pesquisadores da epistemologia da geografia, uma periodização do pensamento geográfico que possa auxiliar na compreensão do papel desempenhado por essa disciplina escolar, bem como de sua relação com a produção acadêmico-científica.

De acordo com Andrade (1987, p. 63), a produção do conhecimento geográfico pode ser dividida em três períodos distintos: "um primeiro período em que pontificaram os institucionalizadores desta ciência, ao qual se seguiu outro de consolidação e difusão do conhecimento geográfico, a que chamamos de período clássico, e em seguida, após a segunda guerra mundial, teríamos o período moderno". Os dois primeiros períodos envolvem todo o século XIX até meados do XX, nos quais se constituiu a chamada *geografia clássica* ou *tradicional*. O terceiro período coincide com a expansão da indústria e das redes de comunicação em escala mundial, o que instigou movimentos de renovação da geografia até se chegar à configuração atual da disciplina.

Em consonância com a periodização proposta por Andrade, será tomado o recorte temporal feito por Milton Santos (2006a), que, ao discutir a "natureza do espaço", divide a história do capitalismo em períodos técnicos, nos quais a produção do espaço geográfico e, consequentemente, da teoria da geografia assume características próprias e distintas umas das outras. Interessam aqui as considerações do autor sobre os períodos técnico e técnico-científico-informacional porque eles coincidem com as delimitações temporais propostas por Andrade.

Assim, organizamos este texto em três partes. A primeira envolve reflexões a respeito da geografia clássica, abordando-se aspectos de sua produção teórica, conceitual e temática desenvolvidas até meados do século XX[1]. A segunda apresenta reflexões sobre os mesmos aspectos, considerando-se os movimentos de renovação que marcaram o pensamento geográfico após a Segunda Guerra Mundial e o descompasso dessa renovação no ensino de geografia no Brasil[2]. A terceira aborda os novos temas e a ressignificação dos conceitos geográficos que marcaram tanto a produção acadêmica quanto o ensino de geografia a partir da redemocratização do país, em 1984.

Não é objeto de interesse deste texto discutir fundamentos pedagógicos ou metodologias de ensino da geografia, mas destacar os temas e conceitos desenvolvidos e ensinados na escola, bem como o papel político dessas seleções temáticas na formação das novas gerações. As ideias organizadas aqui são tomadas de pesquisadores reconhecidos sobre o assunto, relacionadas ao modo como o pensamento geográfico veio se explicitando em materiais didáticos de Geografia ao longo do tempo.

5.2 Para cada ordem mundial, um ensino de geografia: primórdios no Brasil

A história do Brasil começa no contexto que Santos (2006a, p. 190-191) chama de *período técnico do capitalismo*, marcado pelas "trocas intercontinentais e transoceânicas, de plantas, de animais e

---

[1]. Para Andrade (1987), trata-se do período de constituição da geografia clássica ou tradicional e, para Santos (2006a), do período técnico do capitalismo.

[2]. De acordo com Andrade (1987), a partir da Segunda Guerra, teve início a geografia moderna. Para Santos (2006a), esse foi o marco do período técnico-científico-informacional, que teve novo impulso no começo dos anos 1990.

de homens, com seus modos de fazer e de ser". Segundo o autor, até aquele período histórico, tudo era local: as técnicas materiais (produtoras do espaço geográfico), o sistema político e o regime econômico. Porém, com as Grandes Navegações, ampliaram-se as relações entre os modos de vida, as técnicas materiais e os sistemas sociais sob a égide do colonialismo. Essas relações comerciais e políticas foram determinantes na produção do espaço geográfico e constitutivas das primeiras maneiras de se pensarem a educação e o ensino de geografia por aqui.

No Brasil, podemos afirmar que a geografia marcou presença no currículo escolar desde cedo. Melo, Vlach e Sampaio (2006, p. 2.685) afirmam que,

> durante os séculos XVI, XVII e XVIII, a educação foi ministrada pelos jesuítas e era claramente diferenciada entre indígenas e filhos dos colonos. Para os primeiros, valorizou-se a formação religiosa cristã, e, para os administradores/exploradores da colônia, uma formação humanista, com uma camuflada introdução do "amor à pátria" através da leitura poética e romântica da paisagem na escola elementar. Na época, o ensino da geografia acontecia diluído em textos literários.

A partir do século XIX, já com o modelo de escola e de educação formal instituído no Ocidente desde o século anterior, verifica-se outro olhar e cuidado com relação aos conteúdos e às metodologias de ensino da geografia:

Já no século XIX, primeiro sob o Império e depois sob a República, a educação brasileira continuava sendo voltada para a classe dominante: um seleto grupo de **"intelectuais, profissionais liberais, militares, funcionários públicos, pequenos comerciantes e artesãos"**. Foi de certa forma por causa desta classe dominante que a Geografia tornou-se uma matéria escolar específica quando, em 1831, passou a ser requisito nas provas para os Cursos Superiores de Direito. Ser Bacharel em Direito e futuro administrador de Cargos Públicos era um dos objetivos das principais famílias da época. [...] Considerada um saber essencial na formação dos bacharéis, futuros intelectuais e administradores do país, a Geografia ganha o status de matéria quando passa a ser estudada em "aulas" preparatórias para a admissão nas faculdades de Direito. (Melo; Vlach; Sampaio, 2006, p. 2.685, grifo do original)

Mas o que era ensinado pela geografia escolar no século XIX? E, principalmente, por que esses temas (e não outros) eram ensinados? Vejamos o contexto.

Na primeira metade do século XIX, não havia no Brasil uma política educacional acabada, tampouco um sistema de ensino instituído. Embora houvesse preocupação em organizar a educação, a consolidação da oferta do que hoje definimos como educação básica e ensino superior estava ainda muito distante (Vieira; Farias, 2007). No Segundo Reinado, os debates prosseguiram, mas os investimentos em educação privilegiaram os ensinos secundário e superior, pois a intenção era formar quadros para governar o país. Dessa forma, o domínio das primeiras letras e a aquisição dos conhecimentos básicos eram obtidos pelos filhos da elite em atendimentos domiciliares ou particulares ou nas poucas escolas existentes.

Uma dessas escolas, "o Colégio Pedro II, era uma escola pública para poucos eleitos, até porque embora se tratando de uma instituição mantida pelo poder público, seus alunos pagavam pelos estudos que ali realizavam, sendo reduzido o número de vagas reservadas àqueles que não podiam pagar" (Vieira; Farias, 2007, p. 62). A importância do Colégio Pedro II está ligada ao fato de que foi a partir de sua proposição curricular que se consolidou o ensino de geografia ministrado no Brasil: "o fato de a Geografia fazer parte do Programa do Colégio Pedro II a tornou uma matéria obrigatória nos colégios, uma vez que o Pedro II era a referência oficial de educação secundária no país" (Melo; Vlach; Sampaio, 2006, p. 2.685). Os conteúdos eram compostos de uma abordagem corográfica das unidades administrativas, e a metodologia privilegiava a memorização da nomenclatura. A seleção de conteúdos, então, estava voltada para o nome de lugares e fenômenos geográficos e para a descrição dos elementos da paisagem de cada unidade administrativa, sem o estabelecimento de relações entre elas e a identificação de arranjos regionais.

Contudo, os conteúdos relativos à geografia do Brasil eram escassos nos programas e materiais didáticos disponíveis na época, alguns produzidos fora do país[3]. Por isso, por quase todo o século XIX, os conteúdos ensinados nas escolas brasileiras

---

3. Um exemplo de livro didático sobre a geografia do Brasil é o *Tratado de geografia elementar, física, histórica, eclesiástica e política do Império do Brasil*, editado em Paris no ano de 1861. Essa obra se resume a textos informativos e enfadonhos e a um compêndio de nomes de serras, rios, formações vegetais e minerais etc. (Rocha, 2000).

priorizavam temas da geografia geral, do conhecimento de outros países e continentes, especialmente da Europa.

> É preciso reconhecer que os primeiros manuais do século XIX traziam poucos conteúdos sobre o Brasil. Eles centravam suas abordagens sobre a Geografia geral. Nesta perspectiva, tratavam de Geografia matemática, Geografia "antiga", cosmografia e corografia. Nesta última abordavam os continentes, dando ênfase à Europa, mas também trazendo um grande número de dados e nomenclaturas sobre a Ásia, África, América e Oceania. Alguns desses livros dedicavam-se especificamente ao estudo detalhado dos países europeus. Em linhas gerais, destacavam a nomenclatura de países e principais cidades, rios e montanhas, classificações de climas, além de dados quantitativos sobre a população. (Albuquerque, 2011, p. 30)

Essa configuração escolar e curricular é entendida como herança das relações políticas e econômicas do colonialismo, das quais o Brasil se desvencilhara há algumas décadas, mas que ainda precisava desconstruir em suas instituições em geral, entre elas a educação.

5.2.1 Geografia clássica

Somente a partir da década de 1870 os estudos de geografia do Brasil passaram a compor os programas escolares e o material didático, que, cada vez mais, eram produzidos aqui mesmo (Albuquerque, 2011).

O ensino de geografia no Brasil Colônia e nas primeiras décadas do Império, sob influência da pedagogia jesuítica, esteve voltado para uma formação erudita, sem preocupação com a finalidade prática, isto é, com a aplicação dos conhecimentos. Daí a ênfase em dados, nomes e localizações dos fatos geográficos – primeiro dos outros países e continentes, depois do Brasil –, a serem meramente memorizados pelos estudantes.

Essa composição de conteúdos e metodologia da geografia escolar perdurou até o início do século XX, ainda que a transição para um novo enfoque no ensino já se evidenciasse desde o final do século anterior. As forças políticas abolicionistas e republicanas que vislumbravam um Brasil urbano-industrial contribuíram para a inserção de conteúdos da geografia do Brasil nos programas escolares e criticaram a metodologia baseada em questionários e na memorização. Isso obrigou a reformulação dos poucos livros didáticos produzidos tanto aqui quanto na Europa e destinados ao mercado brasileiro (Albuquerque, 2011). O novo projeto de sociedade que emergiu definitivamente com a República demandava que o país conhecesse a si mesmo, priorizando os estudos de seu território, de suas fronteiras e das paisagens em toda a sua extensão.

É possível comparar essa produção geográfica, sistematizada e implementada do período imperial até os anos 1920, com o que aconteceu na Alemanha no século XIX:

> A falta de constituição de um Estado nacional, a extrema diversidade entre os vários membros da Confederação, a ausência de relações duráveis entre eles, a inexistência de um centro organizador do espaço, ou de um ponto de convergência das relações econômicas, todos estes aspectos conferem à

> discussão geográfica uma relevância especial para
> as classes dominantes da Alemanha no início do
> século XIX. (Moraes, 1987, p. 46)

Ao passo que, na Alemanha, a pesquisa e o ensino de geografia parecem ter servido aos interesses da unificação do país, no Brasil, do século XIX até a virada do XX, o conhecimento ensinado na escola tinha como base inventários de manifestações geográficas identificadas em seus limites administrativos, de modo a compor um longo conjunto de dados sobre todo o território nacional.

> O primeiro livro brasileiro de Geografia do Brasil,
> *Corographia Brasilica*, de Padre Manuel Aires de
> Casal, escrito em 1817, consiste em um levantamento
> de dados sobre as províncias, história, limites territoriais e nomenclatura de montanhas, hidrografias,
> portos, cabos e pontas, mineralogia, zoologia, fitologia e algumas características de cidades e vilas. Essa
> publicação não tinha especificamente finalidades
> educacionais, porém, segundo Vlach (2004), serviu
> de base para a elaboração de inúmeros livros didáticos e perdurou como referência bibliográfica até
> as primeiras décadas do século XX. (Albuquerque,
> 2011, p. 27)

Tal arranjo didático-pedagógico foi coerente com a formação erudita, oferecida aos futuros dirigentes do Brasil Colônia e do Império, e também com as relações de produção internacionais – no caso do Brasil, herdeiras do passado colonial. Interessava não apenas à elite brasileira, mas principalmente aos grandes impérios coloniais – potências europeias –, conhecer detalhadamente os elementos da natureza (riquezas) contidos nos territórios nacionais, mesmo de países já livres da condição de colônia. É preciso relembrar que, até a Segunda Guerra Mundial, quando houve a "morte dos impérios" (Santos, 2006a, p. 191), a concorrência entre os países centrais era marcada pela política comercial. As colônias e ex-colônias, fornecedoras de matérias-primas, viabilizavam a economia e o progresso técnico desses países.

Assim, os conteúdos curriculares compostos fortemente da fisiografia, aliados à metodologia descritiva, permaneceram no ensino de geografia no Brasil desde a fundação do Colégio Pedro II – que servia de modelo para os outros poucos colégios da época – até a década de 1920, quando sofreram a primeira crítica seguida de uma proposta alternativa. De acordo com Vlash (1989), Carlos Miguel Delgado de Carvalho defendia uma nova proposição curricular para a geografia em direção ao que ele chamava de *orientação moderna*.

Dispondo de um levantamento de dados inicial sobre as paisagens brasileiras, a preocupação desse autor era superar a geografia de nomenclatura administrativa em favor da geografia científica. Em consonância com a produção teórico-conceitual da geografia acadêmica, Carvalho propunha o estudo das unidades regionais definidas com base nos elementos da paisagem natural, deixando as divisões territoriais administrativas em segundo plano. As regiões, definidas, então, com base nos aspectos naturais, apresentavam-se como espaços a serem ocupados pelo homem para explorar a natureza e construir sua vida. Para esse autor, a abordagem regional relacional exigiria do estudante menos memorização e mais compreensão e, enfim, estaria fundamentada nos conceitos da geografia científica, que vinha sendo desenvolvida na Europa e nos Estados Unidos.

> Em geografia moderna, quando se fala de região natural, é da categoria das "regiões complexas" de Ricchieri que se trata. Mas a região simples e elementar não deixa de existir e serve de base.
>
> Uma bacia fluvial é uma região elementar; uma formação geológica, um relevo, são também regiões elementares; também é região simples um tipo de clima. [...] Se agora, em vez de um só mapa, relativo a áreas geográficas contíguas, considerarmos vários mapas, todos elementares, relativamente às mesmas áreas; se, em vez de compará-los lado a lado conseguirmos superpô-los observaremos as coincidências e divergências das linhas de limites dos diferentes mapas superpostos. Verificaremos cedo que uma boa área é comum a todos eles e que só nas margens é que reina certa imprecisão. Temos, assim, esboçada a região complexa, [...]. Chegamos, assim, à conclusão de que a região natural é uma área geográfica, mais ou menos precisa, que a observação permite criar com a superposição de mapas figurando influências fisiográficas diferentes: relevo, hidrografia, clima, vegetação; forma-se, assim, uma imagem composta, uma síntese esboçada que vai servir de cenário à ação do homem. Pois não é essa a própria definição que demos da noção de região natural? (Carvalho, 1944, p. 16)

Nesse momento, a geografia brasileira passou a utilizar os conceitos científico-acadêmicos produzidos pelas escolas geográficas de que é herdeira.

No contexto da República Velha, diversas reformas educacionais afetaram a presença da geografia no currículo escolar. Entre elas, ressalta-se a legislação educacional brasileira de 1925 (Brasil, 1925)[4], que regulamentou a oferta do ensino de geografia nos dois primeiros anos do ensino secundário (correspondente aos atuais sexto e sétimo anos do ensino fundamental). O currículo do Colégio Pedro II definiu os conteúdos a serem ensinados nessa disciplina, compondo a transição para o projeto econômico e social que se instituía com a República (Rocha, 2000). Ainda que, nesse momento, a carga horária da geografia no currículo escolar tenha diminuído em relação à legislação anterior, o destaque foi para a cientifização da disciplina. Privilegiava-se o ensino da geografia matemática e dos principais conceitos utilizados nas abordagens geográficas, especialmente da escola francesa, como paisagem e região.

> O programa do primeiro ano continuava iniciando pelos estudos de astronomia, tradição herdada da geografia clássica e reforçada pelas ideias positivistas de Comte [...]. O estudo de temas ligados à astronomia seria, pois, parte integrante da chamada geografia matemática, ou melhor, a geografia matemática era considerada um capítulo especial daquela ciência; sua função seria a de estudar a forma da terra, bem como os movimentos do planeta, a fim de se compreender as consequências destes para as variações físicas das várias regiões. [...] O segundo ano do curso foi destinado aos estudos de geografia

---

4. A leitura desse decreto permite conhecer, com mais detalhes, a proposta curricular por ele regulamentada.

> do Brasil. [...] Ao contrário da tradição iniciada pelos estudos corográficos de Aires de Casal, a divisão político-administrativa do Brasil daria lugar a um estudo regional, tendo como base a região natural. A divisão regional levava em consideração os elementos naturais da paisagem; em consequência, apareciam cinco regiões a serem estudadas: Brasil Setentrional ou Amazônico; Brasil Norte-Oriental; Brasil Oriental; Brasil Meridional; e Brasil Central. [...] De cada região brasileira procurou-se, além do estudo fisiográfico, descrever os componentes principais do gênero humano nelas presentes, sendo introduzido um estudo da economia local com base a antropogeografia. (Rocha, 2000, p. 11-12)

Vlash (1989) afirma que, além da cientifização da geografia, uma das principais contribuições da virada teórico-conceitual foi a formação do espírito patriótico e do sentimento nacionalista, proposta por Delgado de Carvalho e continuada por outros autores pelas décadas de 1930/1940.

> A Geografia de D. de Carvalho, insistindo na necessidade de uma divisão do território brasileiro a partir de princípios naturais, caminhou ao encontro dos interesses desse mesmo Estado, que em seu processo de constituição/consolidação usou o recurso do sentimento de amor à terra natural para conseguir o concurso de todos ao trabalho de edificação da riqueza material da nação (o progresso), cujo significado foi exatamente a subsunção da nação por um estado autoritário. (Vlash, 1989, p. 159)

Na verdade, a produção de Carvalho era coerente com o espírito da época, manifestado inclusive na letra da lei. No art. 5º do Decreto n. 16.782-A, de 13 de janeiro de 1925 (Brasil, 1925), consta que cabe aos professores de língua materna, Literatura, Geografia e História abordar temas e propor pesquisas que desenvolvam sentimentos de patriotismo e civismo. Por isso, Carvalho (1944) afirma que a Geografia e a História são disciplinas de nacionalização e de formação de "patriotismo esclarecido". Tanto esse entendimento quanto sua proposta teórica e metodológica faziam parte dos esforços intelectuais para a formação do Estado-Nação brasileiro.

Nos anos 1930, com os novos rumos políticos e econômicos que direcionavam o Brasil para uma organização socioespacial urbana, em busca da industrialização, a geografia escolar ganhou o suporte da abertura dos primeiros cursos superiores de formação de professores para essa disciplina[5], além da fundação do Instituto Brasileiro de Geografia e Estatística (IBGE) e da Associação de Geógrafos Brasileiros (AGB). Cada vez mais, o discurso geográfico brasileiro se apropriaria dos conceitos científicos já desenvolvidos na área e lançaria mão dos dados obtidos pelas pesquisas oficiais do IBGE e pelas pesquisas acadêmicas da AGB.

Com a Reforma Francisco de Campos, em 1931, a geografia voltou a marcar presença em todas as séries do ensino secundário. E mais tarde, com a Reforma Capanema, em 1942, fez-se presente também em todas as séries do ginásio. Nessa legislação, ficava evidente o desejo por uma abordagem geográfica de acordo com a chamada *geografia moderna e científica* (Rocha, 2000).

Nesse contexto, destacou-se a produção de Aroldo de Azevedo, professor de Geografia que, influenciado pela escola francesa,

---

5. Na década de 1930, foram abertas as primeiras faculdades de História e Geografia em São Paulo, no Rio de Janeiro, em Porto Alegre, entre outras cidades – os cursos eram unificados na maioria delas. Em 1934, foram criados o IBGE e a AGB.

valorizava os conceitos de região e paisagem como estruturantes de seus livros didáticos. Entretanto, ao contrário das orientações pedagógicas da reforma, que trazia influências da Escola Nova, esse autor deixou sua marca no ensino de geografia por uma abordagem dicotomizada dos conteúdos, que ficou conhecida como *a terra e o homem* (Vesentini, 1992). Tratava, nos primeiros capítulos ou subtemas de cada capítulo, dos aspectos da geografia física e, nos últimos capítulos de seus livros didáticos, abordava aspectos da geografia humana. Valorizava a descrição, a comparação e a análise das paisagens, classificando-as sem considerar os conhecimentos prévios dos estudantes nem relacionar o assunto em estudo com a realidade local.

Sua abordagem temática e metodológica foi acusada, posteriormente, de desviar o ensino da geografia dos conflitos políticos e das análises sociais para constituir um modelo que se tornou ícone da geografia tradicional (Vesentini, 1992). Na verdade, tal abordagem parece bastante coerente com o período histórico que o país vivia, pois, em pleno Estado Novo (ditadura de 1937 a 1945), não se pretendia instituir crítica social e política, muito menos enamorar-se dos ideais socialistas que tomavam alguns governos na Europa.

Na geografia escolar, firmou-se, então, o vínculo entre o que se entendia como *conhecimento científico validado*, portanto, como verdade, e o contexto das relações políticas e econômicas hegemônicas, nas diversas escalas geográficas. Para exemplificar esse vínculo, destacamos um trecho do livro de Azevedo em que se observa a maneira como o conhecimento geográfico contribuía para a compreensão do conceito de macrorregião e, até mesmo, para a justificação das relações entre os países do mundo:

Que devemos entender pela expressão atividades culturais? Tomando-a num sentido restrito, vamos compreendê-la abrangendo todas as manifestações que fazem com que os homens se diferenciem dos animais: a organização da família, a religião, a língua, os costumes, as leis, a forma de governo, a instrução e a educação, as pesquisas científicas e outras manifestações do espírito humanos (academias, centros de estudos, bibliotecas, museus, obras de arte etc.).

Estudando-se os povos da terra dentro desse ponto de vista, verificamos sem demora que existem diferenças muito grandes entre uns e outros. Entre os povos *selvagens*, as atividades culturais apresentam formas mais simples e rudimentares; muitas delas chegam mesmo a não existir. Daí o nenhum papel que representam no progresso humano. Neste caso, estão todas as populações indígenas da América, os negros da África, alguns povos da Ásia (vedas, semang, negritos etc.) E os indígenas da Austrália e de certas ilhas da Oceania (papuas, melanésios).

Também os povos **bárbaros ou semicivilizados** oferecem exemplos de grande atraso em suas atividades culturais, mas não podem ser confundidos com os anteriores, pois apresentam certos progressos em sua cultura. A família é a mais respeitada; ao invés de serem fetichistas como os selvagens seguem o politeísmo ou o monoteísmo, [...] Já se preocupam com a instrução, entretanto, desconhecem o que sejam a educação, as pesquisas científicas e os centros de cultura. É o caso das populações mongólicas que vivem na Ásia central, de muitos afegãs e árabes, dos berberes do norte da África, de certas tribos peles vermelhas da América do norte, dos esquimós etc.

Entre os povos **civilizados** é que as atividades culturais alcançam suas mais altas e admiráveis manifestações. Na grande maioria dos aspectos, procura-se atingir à perfeição. [...] Eis o espetáculo a que pode se presenciar na maior parte da Europa e da América, em alguns pontos do extremo oriente e em certos domínios britânicos de outros continentes. (Azevedo, 1962, p. 187-189, grifo do original)

É impossível ler esse trecho sem que algumas reflexões surjam de imediato. Primeiro, tendo o mapa-múndi em mente, constata-se que os povos selvagens e os bárbaros ou semicivilizados se encontram nas regiões intertropicais ou subtropicais do planeta. Já os povos civilizados se localizam nas altas latitudes do Hemisfério Norte, mais especificamente na América do Norte, na Europa e em pontos do Extremo Oriente, como o Japão. Salva-se, ainda, uma possível referência à Austrália quando se incluem entre os civilizados certos domínios britânicos de outros continentes.

Relacionada a essa constatação, o texto suscita uma segunda reflexão, desta vez sobre o conceito de região. Sua leitura faz lembrar o termo *região personalidade*, desenvolvido por Yves Lacoste, para quem o pensamento da geografia que predominou até meados do século XX esteve muito próximo dos interesses do Estado-Nação.

> Essa maneira de recortar *a priori* o espaço num certo número de "regiões", das quais só se deve constatar a existência, essa forma de ocultar todas as demais configurações espaciais, às vezes bastante usuais, foram difundidas, com um enorme sucesso na opinião, através de manuais escolares e também pela literatura e pela mídia. Esse sucesso, bastando ver a importância dos argumentos geográficos utilizados nos movimentos "regionalistas" [...].
>
> A consagração pelos geógrafos da região-personalidade, organismo coletivo ou minimação da região-personagem histórica, forneceu a garantia, a própria base, de todos os geografismos que proliferam no discurso político.
>
> Por "geografismo" eu entendo as metáforas que transformam em forças políticas, em atores ou heróis da história, porções do espaço terrestre ou, mais exatamente, os nomes dados (pelos geógrafos) a territórios mais ou menos extensos. (Lacoste, 1988, p. 64-65)

Nesse texto, Lacoste se refere à região definida pelos domínios naturais, também palco de construções de gêneros de vida, de diferentes estágios de domínio das técnicas e de aprimoramento do espírito. Então, não parece absurdo concluir que, por meio do ensino da geografia, em meados do século XX, os estudantes da educação básica aprendiam a regionalizar o planeta de acordo com os níveis de civilização dos povos que habitavam as grandes regiões naturais. A crítica de Lacoste é que essas regiões, apesar de todos os argumentos do possibilismo geográfico, acabavam ganhando personalidade, o que definia um modo de ser dos povos que as habitavam.

Dessa forma, mesmo que a geografia clássica tenha afirmado que o homem modifica o meio, fazendo uso dos recursos oferecidos por esse meio para construir a paisagem e definir os gêneros de vida que caracterizam os domínios regionais, sua abordagem contribuiu para que os geografismos prosperassem, pois desconsiderava a política e as relações de dominação entre países e regiões. Não era de se estranhar que um estudante concluísse, pela leitura do trecho do livro didático citado, que os países das regiões tropicais do planeta são condenados a uma condição inferior, pois têm, em sua formação original, uma natureza abundante, que tudo oferecia a um povo primitivo, selvagem, que não se desenvolveu, não evoluiu sozinho.

Esse raciocínio prosperou também nas abordagens regionais internas ao território nacional, sendo, no caso do Brasil, um dos elementos geradores de personalidades regionais, algumas vezes estereotipadas e preconceituosas. Enfim, queremos destacar que a forma como os conceitos, os temas e as metodologias da ciência geográfica foram levados para a escola contribuíram para uma espécie de naturalização das relações sociais, políticas e econômicas nas diversas escalas geográficas. Por esse conjunto da obra, o pensamento geográfico construído até meados do século XX foi criticado pelos movimentos de renovação que vieram mais tarde e acusado de fortalecer os interesses hegemônicos, bem como a manutenção das relações desiguais entre os países.

5.3 Nova geografia: mudança da ordem mundial e descompasso da geografia escolar no Brasil

Como explicitamos na seção anterior, a geografia clássica ou tradicional, tanto em sua produção teórica e conceitual quanto em seus temas e suas metodologias escolares, foi marcada por abordagens regionais que caracterizavam e diferenciavam as regiões/paisagens em diversas escalas geográficas, porém de modo desarticulado e sem problematizar as relações políticas, econômicas e sociais de seu tempo histórico. Não era de se estranhar que a região fosse de tamanha importância nos estudos geográficos, pois,

> No decorrer da história das civilizações, as regiões foram configurando-se por meio de processos orgânicos, expressos através da territorialidade absoluta de um grupo, onde prevaleciam suas características de identidade, exclusividade e limites, devidas à única presença desse grupo, sem outra mediação. A diferença entre as áreas se devia a essa relação direta com o entorno. Podemos dizer que, então, a solidariedade característica da região ocorria, quase que exclusivamente, em função dos arranjos locais.
> (Santos, 2006a, p. 246)

Em favor da geografia clássica/tradicional, devemos admitir que, durante o período de sua vigência, as pesquisas realizadas acumularam um impressionante acervo de informações a respeito da natureza e das sociedades, que, em conjunto, formavam os espaços geográficos do planeta. As informações geográficas oriundas dessas pesquisas derivaram, por muitos séculos, de pesquisas de campo, observações *in loco* e registros minuciosos feitos pelo pesquisador ou por sua equipe, uma vez que as ferramentas e técnicas existentes exigiam a busca de dados.

Contudo, na segunda metade do século XX, o desenvolvimento tecnológico criou novas ferramentas e equipamentos de pesquisa e ampliaram-se os interesses por mais informações sobre absolutamente todos os lugares da superfície terrestre. Inaugurava-se, assim, o período em que a industrialização e as técnicas começavam a se tornar um fato internacional e, com isso, as relações entre os países ficavam mais intensas e amplas, ou seja, menos restritas. Teve início, então, outro período histórico, outra ordem mundial, a partir do qual a exploração dos países ricos e com mais tecnologia sobre os países pobres e sem produção científica era balizada pelos interesses de um mercado que, pouco a pouco, se tornava global. Esse período

> começa praticamente após a Segunda Guerra Mundial, e sua afirmação, incluindo os países de terceiro mundo, vai realmente dar-se nos anos 70. [...] Da mesma forma como participam da criação de novos processos vitais e da produção de novas espécies (animais e vegetais), a ciência e a tecnologia, junto com a informação, estão na própria base da produção, da utilização e do funcionamento do espaço e tendem a construir o seu substrato. [...] Os espaços, assim requalificados atendem, sobretudo, aos interesses de atores hegemônicos da economia, da cultura e

> da política e são incorporados plenamente às novas correntes mundiais. O meio técnico-científico-informacional é a cara geográfica da globalização. (Santos, 2006a, p. 238-239)

Imediatamente após a Segunda Guerra e durante as décadas seguintes, a bipolarização do mundo entre o bloco dos países capitalistas e o dos socialistas funcionou como uma espécie de limitante à globalização plena. As trocas comerciais se davam, então, entre os países constituintes dos dois grandes blocos político-econômicos. No conjunto de cada bloco, guardavam-se as diferenças internas entre países ricos e pobres, os que desenvolviam ciência e tecnologia e os que tinham apenas recursos naturais ou produção primária a oferecer ao mercado externo.

Andrade (1987) lembra que a tensão entre capitalistas e socialistas e a necessidade de reestruturação econômica, logo depois da guerra, fizeram com que a tônica da política administrativa, em ambos os blocos, fosse o planejamento. Essa necessidade de reconstrução da economia e de estabilização política abriu uma frente para que a geografia contribuísse com governos e empresas por meio de pesquisas que orientavam a produção, indicavam problemas sociais a serem corrigidos e, por consequência, apontavam necessidades de (re)organização do espaço geográfico. Assim, as mudanças políticas e econômicas mundiais impulsionaram a geografia a renovar seus temas, conceitos e métodos. De início, essa renovação afetou, de modo contundente, a produção acadêmica e, mais tarde, o ensino dessa disciplina e seu papel no currículo escolar.

> O chamamento dos geógrafos a participarem da reconstrução do mundo do pós-guerra, na Europa, provocou também igual oportunidade no terceiro mundo, que se libertava politicamente de suas metrópoles e nos países já independentes desde o século XIX, levando-os à necessidade de planejar o desenvolvimento de sua economia. Esse chamamento desenvolveu nos vários países o que se convencionou chamar de geografia aplicada. (Andrade, 1987, p. 98)

Em termos práticos, o pensamento geográfico que se desenvolveu após os anos 1950 passou a analisar o espaço em escalas mais amplas, tanto dentro dos limites territoriais dos países quanto entre os países do mundo. Nesse movimento de renovação da geografia, o espaço geográfico, pela primeira vez, foi tomado como conceito-chave (Corrêa, 2005).

Naquele momento histórico, as novas tecnologias e os recursos de outras ciências ajudaram a geografia a se renovar. Fotografias aéreas e, um pouco depois, imagens de satélite facilitavam a busca de dados e dispensavam, cada vez mais, o trabalho de campo. O legado da geografia clássica já havia tornado quase toda a superfície terrestre conhecida e cartografada em seus aspectos diversos, como climas, coberturas vegetais originais, modelados de relevo, solos, modos de vida, tipos de governo e origens históricas e políticas dos países. O movimento de renovação aproximou a geografia da matemática e da estatística e, ainda, trouxe a quantificação e as estimativas para os temas de interesse geográfico.

Isso fez surgir, com grande prestígio, a chamada *geografia quantitativa*[6], que, nas décadas de 1950 e 1960, revalorizou a função social dessa ciência e redimensionou o papel político do pesquisador da área.

Essa mudança na geografia foi de serventia aos interesses dos países ricos capitalistas e do grande capital, que precisavam avaliar as facilidades e as dificuldades oferecidas pelos lugares do planeta em que pretendiam se expandir e que visavam explorar. Aos poucos, a geografia acadêmica foi deixando de lado a região e a paisagem como entidades autônomas e circunscritas. De acordo com Andrade (1987), a geografia clássica

> que se limitava a observar, a descrever e a explicar a paisagem, utilizando o "olho clínico", não usava técnicas que a levassem a ver o que se fazia, de forma invisível, na elaboração da paisagem. Ela não poderia continuar a ser ideográfica, corológica. Passaram então a intensificar as pesquisas em dados estatísticos – até então desprezados ou pouco utilizados –, a desenvolver a cartografia, com a elaboração de mapas temáticos, e a sentir a sedução de fazer projeções para o futuro. Sedução que se acentuava a partir do momento em que, trabalhando em equipes pluridisciplinares, observara a importância destes dados para os economistas e planejadores. (Andrade, 1987, p. 96)

---

6. Nesse contexto, surgiu também a geografia dos sistemas, ou geografia dos modelos, que propunha o uso de modelos para representar e explicar os temas geográficos. Articulava-se com a geografia quantitativa, mas a ultrapassava, pois concebia um nível mais genérico de análise (Moraes, 1987). Porém, como essa linha de renovação da geografia não influenciou o ensino na escola, não a abordaremos neste texto.

No movimento de renovação, as pesquisas da nova geografia investigavam aspectos da economia, demografia, infraestrutura de energia e circulação, reservas naturais disponíveis e relações políticas com os governos locais, enfim, iam além dos aspectos empíricos para ponderar as vantagens e as desvantagens de investimentos e da expansão da produção mundo afora. Por exemplo: da lógica de uma grande empresa, abrir uma filial próxima ou distante (em milhares de quilômetros) era uma decisão balizada menos pela distância absoluta entre matriz e filial e mais pelas possibilidades políticas e econômicas ofertadas pelo lugar onde seria instalada a nova unidade da empresa, como recursos naturais abundantes a serem explorados, mão de obra farta e barata, governo local receptivo e baixos impostos a serem pagos.

Nesse contexto, os estudos de geografia urbana e geografia econômica se sobrepuseram aos de geografia agrária, em virtude da maior valorização das atividades urbano-industriais e do enfraquecimento do vínculo entre pesquisas da geografia física e da produção agrícola, que "passou a ser encarada não mais como um gênero de vida, mas como uma atividade profissional" (Andrade, 1987, p. 96).

Contudo, na escola brasileira, essa renovação do modo de pensar o espaço geográfico provocou um impacto modesto, pelo menos, em um primeiro momento. Em descompasso com as novas motivações da pesquisa, o ensino de geografia manteve-se descritivo, fragmentado e focado em abordagens regionais circunscritas, sem instigar reflexões sobre a ordem mundial bipolar, tampouco sobre a Guerra Fria ou a exploração econômica entre países que devastava a natureza e sujava a terra, o ar e as águas do planeta. Essas discussões só foram colocadas em pauta na escola brasileira da segunda metade da década de 1980 em diante. Assim, dos anos 1950 até parte dos anos 1970, o ensino de geografia passou ao largo desse movimento de renovação e manteve-se parecido com o que se dava antes em termos tanto de temas e conceitos quanto de metodologias.

Entre os fatores que podem explicar esse descompasso, essa descontinuidade, é possível apontar a política contraditória e a "democracia limitada" que o país viveu desde o fim do Estado Novo, ao longo dos anos 1950 até o início da década de 1960. Esse intervalo de tempo, que separa a ditadura Vargas da ditadura militar, foi marcado pela busca de um projeto nacional de educação, que não chegou a se concretizar no chão da escola, em mudanças efetivas que afetassem temas, conceitos e metodologias de ensino.

> No campo educacional, os primeiros anos da redemocratização são agitados, revelando elementos de contradição [...]. Pode-se dizer que o conceito de democracia limitada também se aplica às ideias pedagógicas que circulam no período. Assim, não é de se estranhar a convivência entre tendências conservadoras e liberais, traço marcante do debate traduzido na Constituição de 1946. Tal característica também se manifesta na longa tramitação do primeiro projeto de lei de Diretrizes e Bases da Educação Nacional (LDB), cuja versão final é aprovada em 1961. (Vieira; Farias, 2007, p. 110)

Nesse período histórico, a legislação que organizava o incipiente sistema educacional no Brasil foram as chamadas *leis orgânicas*, elaboradas na década de 1940. Como ainda não havia uma lei que dispusesse sobre a educação nacional nos atuais moldes da Lei de Diretrizes e Bases da Educação Nacional (LDBEN), as leis orgânicas regulamentavam o ensino por nível e modalidade.

No que tange à geografia, seu ensino era obrigatório tanto no primário quanto no secundário, de acordo com as respectivas leis orgânicas para essas duas etapas da educação. No primário, deveria constar no currículo o ensino de geografia e história do Brasil (Lei orgânica n. 8.529/1946[7]) e, no secundário, geografia geral e geografia do Brasil (Lei orgânica n. 4.244/1942). Quanto aos conteúdos mínimos a serem trabalhados em cada série do ensino secundário, a legislação definia o seguinte:

> Art. 18. Os programas das disciplinas serão simples, claros e flexíveis, devendo indicar, para cada uma delas, o sumário da matéria e as diretrizes essenciais.
>
> Parágrafo único. Os programas de que trata o presente artigo serão sempre organizados por uma comissão geral ou por comissões especiais, designadas pelo Ministro da Educação, que os expedirá. (Brasil, 1942)

Assim, em decorrência das leis orgânicas, vieram as portarias que traziam os conteúdos a serem ensinados em cada série, para cada disciplina curricular. Uma das ferramentas que contribuíam para que essa legislação se fizesse cumprir nas escolas eram os livros didáticos.

Destacam-se nesse contexto produções como as de Aroldo de Azevedo, que, entre os anos 1940 e 1970, publicou livros de geografia para todas as séries do ginásio e do secundário. Assim como os outros autores da época, ele atrelava sua produção à legislação, que indicava os conteúdos mínimos a serem trabalhados na escola.

---

[7]. Você pode consultar a íntegra dessa lei em: <http://www2.camara.leg.br/legin/fed/declei/1940-1949/decreto-lei-8529-2-janeiro-1946-458442-publicacaooriginal-1-pe.html>. Acesso em: 29 jun. 2018.

Dessa maneira, os livros didáticos tanto de Aroldo de Azevedo quanto de Moisés Gicovate, por exemplo, tinham seus sumários organizados com base na íntegra do que determinava a Portaria n. 1.045/1951, do Ministério da Educação e Saúde.

Pela estrutura dos sumários e pelo conteúdo das portarias, pode-se concluir que a geografia proposta para o primeiro ano do secundário (correspondente ao atual sexto ano) obedecia fielmente à legislação e abordava, primeiramente, os aspectos da geografia física e, depois, os da geografia humana, deixando a economia para o final do ano letivo. Permanecia, portanto, o modelo tradicional de abordagem denominado *a terra e o homem*.

Outros autores que produziam livros didáticos na época também deviam seguir a legislação, o que demonstra o descompasso entre produção acadêmica, teoria da geografia e seu ensino na escola básica. Por isso, é possível afirmar que a escola não acompanhava a renovação que se processava no pensamento acadêmico da geografia, visto que Azevedo, um dos principais autores de material didático na época, no ano de 1962, seguia reproduzindo a geografia clássica em seus temas, seus conceitos e suas metodologias.

Com a instituição da ditadura militar e a partir da Lei n. 5.692/1971, do Parecer n. 853/1971 e da Resolução n. 8/1971, a geografia sofreu um duro golpe. Ela se tornou conteúdo da disciplina de Estudos Sociais no ensino de primeiro grau e teve, no ensino de segundo grau, seu *corpus* enfraquecido, pois, embora tenha permanecido como disciplina autônoma, perdeu espaço/tempo curricular em favor das disciplinas profissionalizantes, uma vez que os cursos técnicos eram compulsórios pela legislação de então. Os estudos sociais permaneceram no núcleo comum dos currículos escolares brasileiros até 1986, sendo esse um dos principais fatores do descompasso entre os avanços do pensamento geográfico em nível mundial e o ensino de geografia no Brasil.

Ao longo dos anos 1970, pelo viés dos estudos sociais, os conteúdos geográficos que permaneceram nos currículos escolares ou foram descaracterizados, ou foram apresentados de modo cada vez mais superficial, reduzidos a uma abordagem informativa e enfadonha, um arremedo das temáticas que, até então, identificavam a disciplina. Um exemplo disso é o livro *Estudos Sociais*, de Proença, que contém 160 páginas, das quais 50 são dedicadas a temas de cartografia e astronomia; 58, aos elementos da geografia física geral; e 52, a abordagens históricas sobre Grécia, Egito e Roma. Os conteúdos são tratados de maneira bastante aligeirada, com um enfoque informativo, e ilustrados com curiosidades. Já no livro *Geografia: Estudos Sociais*, de Julierme de Abreu e Castro, observa-se um destaque maior para a geografia, desde o título até os conteúdos internos. Contudo, impera a superficialidade das abordagens, que, comprometidas também pela apresentação dos aspectos históricos, não fazem nem uma coisa nem outra de modo consistente e eficaz. Do ponto de vista exclusivamente geográfico, nota-se a ênfase nas temáticas da geografia física, deixando-se os aspectos humanos para os últimos capítulos. Além disso, os títulos dos capítulos indicam o caráter informativo de seus conteúdos, sem que se proponham reflexões ou se articulem ideias.

Somente quando o fim da ditadura militar parecia próximo o pensamento geográfico brasileiro tomou outro fôlego e houve condições políticas para a produção de pesquisas e debates relativos a outra vertente de sua renovação: o movimento da geografia crítica. No contexto da reabertura (do final dos anos 1970 até 1984), as discussões políticas, econômicas e sociais de cunho marxista trouxeram para a geografia novos temas e conceitos, além de marcar presença na produção de materiais didáticos, que, a partir de então, assumiram características muito diversas das que dominavam o mercado até aquele momento. Em poucos anos, os livros de Estudos Sociais, bem como os de segundo grau ainda vinculados às abordagens regionais típicas da geografia clássica, perderam espaço para os primeiros livros didáticos de autores filiados ao movimento da geografia crítica.

5.4 Atual ordem mundial: novos temas e significados para os conceitos de geografia

A cada nova ordem mundial que se estabelece, novas relações de poder emergem e, com elas, novos arranjos político-pedagógicos afetam os currículos, o ensino e os materiais didáticos. Isso não foi diferente no estabelecimento da atual ordem mundial.

Um dos fatos mais marcantes na política brasileira imediatamente após o fim da ditadura militar no Brasil foi a promulgação da Constituição Federal de 1988. Os debates ocorridos no recente ambiente democrático deram voz a sujeitos sociais que ganharam visibilidade na Carta Magna. Além disso, tais debates provocaram a emersão de temas até então proibidos no território nacional. No âmbito da geografia, eles foram incorporados tanto na discussão acadêmica quanto no ensino (na escola) e, para compreendê-los, era preciso analisá-los nas diversas escalas geográficas.

5.4.1 Redemocratização do Brasil e novos temas da geografia

Inicialmente, a reestruturação crítica da geografia escolar trouxe para os conteúdos de ensino temas sociais, políticos e econômicos, mas se caracterizou também por abandonar conceitos e temas associados à abordagem tradicional e acrítica, à qual se contrapunha. Isso acarretou, na segunda metade dos anos 1980, o enfraquecimento do conceito de paisagem, considerado obsoleto por ter servido, até então, à mera descrição do espaço geográfico, e não à sua compreensão. Minimizou-se a importância dos temas da geografia física, das abordagens dos elementos da natureza, como hidrografia, relevo, vegetação e clima, por serem considerados secundários diante do que passou a ser mais relevante: as relações sociais e de produção das quais derivava o espaço geográfico. Também se desprezou o uso da linguagem cartográfica, utilizada, até então, apenas para a memorização de localização em atividades mecânicas e exaustivas de cópia ou preenchimento de mapas mudos.

No âmbito da produção acadêmica, também houve uma espécie de abandono de algumas categorias geográficas. De acordo com Santos (1998, p. 173), inicialmente,

> a Geografia crítica criticou a forma como se trabalhavam as categorias como paisagem, região, mas também jogou fora a necessidade de continuar elaborando essas categorias. Em vez de refazer os conceitos, preferimos dizer: "não é importante trabalhar a paisagem, não é tão importante trabalhar a região." [...] Eu atribuo isso a uma forma de preguiça epistemológica.

Cabe ressaltar que, tanto em livros didáticos quanto em proposições curriculares oficiais da segunda metade dos anos 1980 até meados dos anos 1990, constatam-se todas essas mudanças conceituais e temáticas. A paisagem deixou de ser protagonista do ensino de geografia, e a região ganhou novo significado e passou a ser abordada em função das desigualdades e dos confrontos políticos e econômicos. No conceito de território, incorporaram-se abordagens políticas, o qual deixou, assim, de ser visto como simples área de gerência de um país para se tornar área de disputa, de constituição e de autodeterminação de um Estado ou de uma Nação. E, por fim, os elementos da natureza passaram a ser abordados da perspectiva socioambiental, viés pelo qual a dinâmica da natureza era colocada em articulação com a dinâmica da sociedade.

Um exemplo de como essas mudanças temáticas conceituais chegaram à escola é a Proposta Curricular para a Disciplina de Geografia, publicada no estado do Paraná[8] em 1990. Fruto de discussões de formação continuada que envolveram os professores da rede estadual de ensino ao longo da segunda metade dos anos 1980, constavam no documento intitulado *Currículo básico* os seguintes conteúdos, organizados por séries:

5ª série
I. Vivemos numa sociedade produtora de mercadorias. 1.1 o que é mercadoria; 1.2 a divisão social do trabalho; 1.3 a separação do trabalhador da terra e de outras condições de produção; 1.4

---

8. Outras unidades da Federação produziram, na mesma época, novas propostas curriculares vinculadas ao campo das teorias críticas da Educação. Essa não foi uma iniciativa isolada do Estado do Paraná.

a divisão territorial do trabalho. II. Atividade industrial e a integração do estado nacional [...] III. Da produção para a distribuição: a circulação de pessoas e mercadorias no espaço brasileiro.

6ª série
I. Brasil: país industrializado e subdesenvolvido. [...]
II. Brasil: sociedade desigual, espaço desigual. [...]

7ª série
I. A regionalização do espaço mundial contemporâneo. 1.1 a natureza como critério de regionalização. 1.2 os elementos político-econômicos como critério para a divisão do mundo atual. O sistema capitalista; o sistema socialista: o subdesenvolvimento. [...]

8ª série
I. A urbanização da humanidade. 1.1 a industrialização e o processo de urbanização nos países capitalistas. [...] 1.2 o processo de urbanização nos países socialistas [...]
II. A apropriação da natureza e a questão ambiental.
(Paraná, 1990, p. 117-118)

Nessa nova perspectiva, as coleções de livros didáticos para os anos finais do ensino fundamental deixam de ser organizadas considerando-se estudos de países e continentes isoladamente – Brasil e suas regiões na sexta série, América na sétima e os demais continentes na oitava –, dando lugar a uma nova abordagem regional, que trouxe para os estudos da geografia do Brasil, por exemplo, o critério das regiões geoeconômicas como alternativa ao estudo das macrorregiões definidas pelo IBGE. Quanto aos conteúdos da sétima e da oitava séries, boa parte dos autores de livros didáticos passou a organizar as abordagens regionais do mundo subdesenvolvido em uma dessas séries e do mundo desenvolvido na outra.

Do ponto de vista do arcabouço conceitual da geografia, as ressignificações do conceito de região, por exemplo, são sintetizadas por Cavalcanti (1998, p. 102-103, grifo do original):

> Tradicionalmente, **região** era vista como uma entidade autônoma, como uma área autossuficiente. Dentro do que ficou conhecido como a linha tradicional da Geografia, destacam-se dois conceitos de **região**: a região natural (com origem no "determinismo ambiental") e a região geográfica (com origem no "possibilismo" de La Blache). [...]
>
> Na crítica de tipo marxista à "Geografia Tradicional" [...] Num primeiro momento, havia uma compreensão de que o capitalismo com sua dinâmica tinha a tendência de homogeneizar o espaço, fazendo desaparecer a região (Oliveira, 1981). Combatendo essa visão e reforçando a existência da região sob o capitalismo, Corrêa (1986) propõe a análise do regional a partir da caracterização do processo de desenvolvimento capitalista como um desenvolvimento desigual e combinado.

Foi por esse viés teórico que o conceito de região passou a participar dos livros didáticos de Geografia no final da década de 1980. Ainda no âmbito das mudanças feitas pela geografia crítica, cabe lembrar que ela trouxe os dados estatísticos para fundamentar suas análises ou provocar reflexões a respeito das desigualdades sociais e regionais. Por exemplo: ao abordar temas da população, trazia para os livros didáticos as pirâmides etárias dos países, a identificação das áreas mais e menos populosas e povoadas e os índices de mortalidade, de natalidade e de crescimento vegetativo, sempre relacionando-os com as políticas sociais necessárias ao combate das desigualdades.

Tanto na escola quanto na academia, o movimento da geografia crítica foi marcante. Wettstein (1989) indica uma lista de temas que deveriam compor prioritariamente o currículo dos cursos superiores de Geografia, de modo que a formação inicial e, por consequência, a disciplina escolar pudessem contribuir para a compreensão crítica do mundo naquele momento. Sua lista era composta de subtemas da geografia política, da geografia econômica e da geografia social. No mesmo livro, em outro capítulo, Oliveira (1989, p. 141-142) afirma que a contribuição da geografia no ensino de primeiro e segundo graus deveria ser a de

> desenvolver no aluno a capacidade de observar, analisar, interpretar e pensar criticamente a realidade tendo em vista a sua transformação. Essa realidade é uma totalidade que envolve sociedade e natureza. Cabe à geografia levar a compreender o espaço produzido pela sociedade em que vivemos hoje, suas desigualdades e contradições, as relações de produção que nela se desenvolvem e a apropriação que essa

sociedade faz da natureza. Para entender o espaço produzido, é necessário entender as relações entre os homens, pois dependendo da forma como eles se organizam para a produção e distribuição dos bens materiais, os espaços que produzem vão adquirindo determinadas formas que materializam essa organização social.

Concomitante a essa onda de renovação do pensamento e da produção geográfica que finalmente chegava ao Brasil, no final dos anos 1980, a Europa redefinia fronteiras e abandonava a experiência socialista. Houve a revitalização do liberalismo, o que afetou as relações econômicas, políticas e culturais mundiais com uma intensidade jamais vista antes. O mapa-múndi modificou-se bastante, e o ensino de geografia teve de ficar atento às mudanças de fronteiras, de relações e de maneiras de produzir.

5.5 Renovação da renovação: temas e conceitos da geografia em tempos de globalização

A ordem mundial instaurada no começo dos anos 1990 exigiu mais mudanças na teoria e no ensino de geografia, constituindo um momento intenso de revisão contínua desse campo do conhecimento. O início daquela década intensificou no Brasil o que Santos (2006a, p. 182-183) denomina "segunda vaga de mudanças tecnológicas [quando se cria] a chamada era das telecomunicações, baseada na combinação entre a tecnologia digital, a política neoliberal e os mercados globais". Segundo esse autor, o período técnico-científico-informacional do capitalismo só atingiria a escala mundial, concretizando-se plenamente, por volta de 30 anos mais tarde e, no caso do Brasil, apenas com o fim da ditadura militar, na segunda metade da década de 1980.

De acordo com Cavalcanti (1998, p. 15-16),

> Já no início dos anos 90, o discurso que ficou conhecido com o rótulo de geografia crítica, que postulava uma ciência geográfica de cunho marxista, começou a ser abalado. Surgiram outros enfoques de explicação e interpretação da realidade. Na geografia, a análise marxista não desapareceu [...], mas adquiriu outras nuances. De uma certeza de que o espaço socialmente determinado constituía o cerne da análise geográfica foram surgindo outras formulações, marxistas e não marxistas, ora elegendo como objeto de estudo o lugar como espaço subjetivo vivenciado pelo sujeito, ora o território, como expressão de domínio de grupos de poder, provocando o fortalecimento da análise geopolítica na geografia, ora o espaço como poder, entre outros.

Nesse contexto, colocou-se em pauta novamente a revisão dos conceitos básicos da geografia. Em um mundo em que tudo se tornava passível de ser conhecido, em que as informações estavam disponíveis instantaneamente e em que as decisões e as ações eram noticiadas, analisadas e criticadas em âmbito global, as noções de tempo, espaço, distância e outras pertinentes ao pensamento geográfico estavam alteradas. Assim, os conceitos básicos da geografia, como região, paisagem, lugar e território, e também os de sociedade e natureza foram objeto de ressignificação teórica, o que culminou com novas abordagens didáticas ou o (res)surgimento de novos/velhos temas a compor o ensino de geografia[9].

5.5.1 "Novos" (velhos) temas da geografia

No que diz respeito aos conteúdos de ensino, destacamos que as relações entre sociedade e natureza ressurgiram como "nova" temática da geografia. Na verdade, um tema bem antigo, fundante da própria geografia, que foi retomado no ensino sob uma nova ótica: a da questão socioambiental. Os temas socioambientais já vinham em discussão no âmbito mundial desde os anos 1960. Porém, só começaram a tomar força nos currículos e nos materiais didáticos após a redemocratização do Brasil, quando se tornou possível debater e criticar o viés desenvolvimentista dependente do capital e da tecnologia internacionais, política assumida e implementada pelos governos militares. Tal debate trouxe à tona a contradição entre as reivindicações dos movimentos ecológicos e ambientalistas brasileiros e os interesses das diretrizes políticas e econômicas das empresas multinacionais ou de capital estrangeiro que aqui mantinham suas filiais/extensões. De acordo com Gonçalves (2005, p. 13-14):

> No Brasil, o movimento ecológico emerge na década de 1970 em um contexto muito específico. Vivia-se sob

---

9. Para aprofundar os estudos sobre a ressiginificação dos conceitos básicos da Geografia, veja: Cavalcanti (1996); Castro, Gomes e Corrêa (2005); Carlos (1996).

> uma ditadura [...] a nossa esquerda de então acreditava que o subdesenvolvimento do país se devia fundamentalmente à ação do imperialismo [...] Essa era a razão do atraso e da miséria em que vivia o povo brasileiro e, em decorrência, deveríamos nos bater por uma revolução antiimperialista, de caráter popular, e com o apoio de setores da burguesia nacional. [...] Todavia, a burguesia nacional não optou por essa via e se aliou à burguesia internacional. [...] A Fiesp [...] Propõe o desenvolvimento da nação abrindo as portas do país à penetração do capital estrangeiro [...]. Esse desenvolvimento se fazia ainda num país onde as elites dominantes não tinham por tradição respeito seja pela natureza, seja pelos que trabalham.

Na perspectiva do ensino da geografia, a redemocratização do país possibilitou não apenas a análise crítica das políticas de produção, mas também a revitalização das abordagens dos elementos da natureza. No ensino, o viés socioambiental se apresentou, então, como uma alternativa para a superação da dicotomia entre geografia física e geografia humana. Além disso, ao assumir abordagens críticas a respeito, por exemplo, da construção de uma usina hidrelétrica ou da instalação de uma indústria de base, imediatamente surgiam reflexões sobre os impactos ambientais e os possíveis prejuízos às populações tradicionais em seus modos de viver e de produzir.

Assim, os temas socioambientais estão cada vez mais presentes no ensino de geografia e, atualmente, já constituem uma das "novas" permanências que caracterizam essa disciplina na escola.

Também nas proposições curriculares, os temas socioambientais vieram com força nos anos 1990. Os Parâmetros Curriculares

Nacionais (PCN) colocaram em evidência as questões ambientais, tanto nos eixos temáticos sugeridos para o ensino de geografia quanto na condição de temas transversais a serem abordados pelas demais disciplinas do currículo.

Nos PCN para o ensino fundamental (anos finais), a temática socioambiental se faz presente nos eixos sugeridos para o terceiro e o quarto ciclos. No eixo 2 do terceiro ciclo, intitulado *O estudo da natureza e sua importância para o homem*, há o subitem "A natureza e as questões socioambientais". Da mesma forma, mas com maior destaque, o eixo 3 do quarto ciclo, denominado *Modernização, modo de vida e a problemática ambiental*, traz todos os seus subtítulos atrelados à questão ambiental (Brasil, 1998).

No início do século XXI, em alguns estados brasileiros, ocorreram movimentos de revisão e reestruturação curricular da educação básica. Alguns produziram documentos de revisão, e outros, de oposição aos PCN. No estado do Paraná, por exemplo, as Diretrizes Curriculares Estaduais (DCE), publicadas em 2008, apresentaram críticas aos PCN, apontando suas contradições e insuficiências e assumindo uma vertente teórica e metodológica diversa. No caso da DCE-PR para a disciplina de Geografia, observa-se o distanciamento epistemológico dos PCN, mas o reconhecimento da importância da temática socioambiental. Tanto que, nesse documento, a dimensão socioambiental da realidade é considerada um conteúdo estruturante do ensino de geografia na educação básica (Paraná, 2008).

Ainda no contexto das relações socioespaciais que se constituíram a partir dos anos 1990, é preciso destacar a força com que ressurgiu o conceito de lugar. Em tempos de globalização, quando há encurtamento das distâncias e informações disponíveis em tempo real, fala-se também da possibilidade de homogeneizar modos de vida, de criar uma única grande sociedade global.

Nesse ritmo, cada vez mais, os lugares perderiam importância, uma vez que a tendência seria o global se instalar e moldar gostos, modos, costumes, formas de produzir etc.

Contudo, estudiosos das categorias da geografia apontam em direção contrária. Para Santos (2006a, p. 314), "cada lugar é, à sua maneira, o mundo. [...] Mas, também, cada lugar, irrecusavelmente imerso numa comunhão com o mundo, torna-se exponencialmente diferente dos demais. A uma maior globalidade, corresponde uma maior individualidade".

Da ótica da produção, os lugares evidenciam suas singularidades e suscitam reflexões sobre elas quando se dão a conhecer em nível mundial. Ao tratar da fragmentação do espaço geográfico e analisar como as empresas se instalam nos lugares e se articulam com o poder político local, os estudos geográficos revisitam o conceito de lugar. Em função da visibilidade que os diversos lugares ganharam no período técnico-científico-informacional, o conceito de lugar voltou à tona no ensino de geografia.

Em consequência disso, houve também uma renovação temática. A ideia emergente de que a globalização levaria à homogeneização cultural mundial perdeu força. Os temas culturais reapareceram nos estudos geográficos e ganharam relevância para a compreensão dos lugares em si e de suas relações com outros espaços nas escalas nacional e global. Cabe destacar que tais temas não são novos, pois remontam ao período da geografia clássica.

No ensino, os temas culturais vêm se (re)apresentando desde os anos 1990, nas proposições curriculares e mesmo na legislação. Basta lembrar que um dos temas transversais dos PCN era pluralidade cultural, com enfoque na formação da sociedade brasileira, na vida dos estudantes, em suas relações na escola, nos direitos humanos e na cidadania. Poucos anos depois, a legislação trouxe para os currículos escolares os estudos da história e da cultura afro-brasileiras e, mais tarde, incorporou também estudos da cultura indígena (Brasil, 2003; 2008). Atualmente, no Brasil, há diretrizes curriculares nacionais que instituem no currículo da educação básica os estudos culturais, especialmente dos grupos étnico-culturais historicamente subjugados, cuja invisibilidade social e política busca ser superada com tais determinações.

Nos materiais didáticos de Geografia, as abordagens culturais ainda não aprofundam a relação entre cultura e produção/configuração do espaço geográfico, como acontece nas pesquisas acadêmicas. Na maioria das vezes, nos livros didáticos, tais abordagens aparecem apenas na dimensão metodológica, nos comandos ou em atividades que estimulam os estudantes a pesquisar como o fenômeno cultural se manifesta em seu espaço vivido. Outras vezes, associam, de forma genérica, aspectos subjetivos e culturais locais com a perspectiva da gestão, como estudos sobre a geografia do lazer.

A questão étnico-cultural, por sua vez, continua aparecendo nos livros didáticos como pano de fundo em abordagens políticas e geopolíticas, por exemplo, nos conflitos no Oriente Médio e na África. Nos estudos da geografia do Brasil, as culturas indígena e negra ganharam maior visibilidade, porém faltam abordagens significativas sobre o papel desses grupos na produção do espaço geográfico nacional.

Talvez a única novidade genuína do atual período histórico seja o conceito de rede, que surgiu na pesquisa e no ensino da geografia no final dos anos 1990. Ao mesmo tempo que a globalização instigou questionamentos sobre espaço e tempo que abalaram e renovaram a epistemologia da geografia, trouxe como fato concreto a pulverização da produção e, com ela, o conceito de rede. De acordo com Santos (2006a, p. 195):

> O subsistema atual de técnicas hegemônicas é, por sua natureza, um sistema invasor. [...] Essa força invasora, combinada ao seu caráter sistêmico, é responsável por dois traços aparentemente antagônicos, mas realmente complementares. De um lado, o processo econômico se fragmenta, no nível mundial, graças à presença, em diversos pontos do globo, de pedaços desse aparelho técnico unitário e disperso. [...] [de outro lado] a partir de um ponto escolhido, é exercido o comando único de processos técnicos, econômicos e políticos, cujas bases de operação se encontram em diversos outros pontos da superfície da terra.

Esses "pontos" a que o autor se refere são os lugares onde se implantam os pedaços, as partes, do sistema produtivo atual. São bastante conhecidos os exemplos de fábricas de automóveis e de calçados que funcionam assim, com as partes de seu produto final sendo produzidas em lugares diversos do planeta. Esses lugares configuram nós de uma rede de produção, a qual é ainda composta de outras, menos empíricas, que são as redes de informação, necessárias também ao funcionamento das empresas. Assim:

> O lugar na era das redes traz a ideia de que os novos processos de produção e de troca se dão hoje de outra forma no espaço num momento em que as vias de transportes e de comunicações mudam radicalmente de configuração que não passa somente pelas rotas terrestres tradicionais – marítimas, rodoviárias, ferroviárias – mas cada vez mais aéreas, via satélites e através da ainda em instalação *superhighway* que cria a aparência de que se perde as bases territoriais.

> Na realidade a tendência à anulação do tempo/distância entre lugares no espaço do globo terrestre parece diminuir de tamanho articulando lugares agora através das redes de alta densidade de trocas de informações. (Carlos, 1996, p. 34-35)

No entanto, se o global se concretiza nos lugares e, nos lugares – onde, a rigor, localizam-se os nós das redes –, os interesses das grandes empresas coexistem com a vida cotidiana, é plausível pensar que, a qualquer momento, o lugar pode se tornar território, caso um conflito gere enfrentamentos entre a população local e o capital invasor.

> O lugar é o quadro de uma referência pragmática ao mundo, do qual lhe vêm solicitações e ordens precisas de ações condicionadas, mas é também o teatro insubstituível das paixões humanas, responsáveis, através da ação comunicativa, pelas mais diversas manifestações, da espontaneidade e da criatividade. (Santos, 2006a, p. 322)

Assim, uma nova renovação conceitual se concretiza. Ao se aproximar da escala local, o conceito de território deixou de ser tutelado exclusivamente pelo Estado (como território nacional) e passou a ser analisado em outras escalas geográficas, desde, por exemplo, os microterritórios urbanos (guetos, subespaços de domínio do tráfico ou de atividades marginalizadas etc.) até os territórios regional, nacional e global.

Nos livros e materiais didáticos, já observamos o conceito de redes de comunicação e produção, bem como a ideia de que os lugares (alguns espaços urbanos ou rurais) constituem nós dessas redes e, assim, se articulam com o global.

Essas mudanças temáticas e conceituais vêm se consolidando no ensino de geografia, pois estão atreladas ao momento histórico e à forma como a humanidade se organiza e se relaciona no espaço geográfico na atualidade. Contudo, a força da tradição dos temas que formaram a identidade da geografia como campo do conhecimento é ainda muito grande.

Assim, passada a onda marxista que expurgou determinados temas e conceitos dos currículos escolares por certo tempo, identifica-se o retorno de alguns deles, hoje configurando-se as principais permanências da disciplina. Entre essas permanências destacam-se as abordagens regionais, os estudos das dinâmicas da natureza e os estudos demográficos, encontrados em currículos e diversos livros didáticos disponíveis no mercado editorial. Conter tais permanências não desqualifica o livro nem o currículo *a priori*, pois as abordagens são o que mais interessa.

Sob esse aspecto, cabe ao professor tratar da forma pedagógica mais apropriada os velhos e os novos temas e conceitos, de modo que o ensino de geografia possibilite ao estudante compreender as contradições e os conflitos que configuram o espaço geográfico do mundo atual, para nele exercer, com criticidade, sua cidadania.

Síntese

Nas três partes que compõem este capítulo, apresentamos os principais temas e conceitos que caracterizaram o ensino de geografia na escola básica ao longo da história dessa disciplina no Brasil.

Em síntese, é possível afirmar que, desde o período imperial até meados do século XX, quando se constituiu a chamada *geografia clássica ou tradicional*, prevaleceu no Brasil o ensino de aspectos da paisagem, inicialmente com forte ênfase nos elementos da natureza, em abordagens descritivas de cada unidade territorial separadamente. No final dos anos 1920, sob influência da produção teórica da geografia francesa, foi trazido para o centro da pesquisa e do ensino o conceito de região-paisagem.

Destacamos a importância do estudo da geografia do Brasil para despertar no aluno o sentimento de pertencimento à nação brasileira, contribuindo para a construção da identidade nacional. A partir da virada urbano-industrial no país (1930), com a produção de Aroldo de Azevedo, os temas e conceitos da geografia na escola configuraram-se no modelo que se convencionou chamar *a terra e o homem*. Primeiramente, focavam-se os aspectos da geografia física, como relevo, hidrografia, clima e vegetação, e, depois, os temas relacionados à geografia humana, como população e economia.

Após a Segunda Guerra Mundial, o pensamento geográfico foi renovado, mas isso não interferiu no ensino de geografia no Brasil, que permaneceu no modelo da geografia tradicional quase até o final da ditadura militar, na década de 1980. Desde então, o movimento da geografia crítica acarretou mudanças significativas nos conceitos e temas trabalhados na escola. Ressignificou os conceitos básicos da geografia (região, paisagem, lugar e território); trouxe temas sociais, políticos e econômicos para o centro do debate; e transformou o espaço geográfico em objeto de estudo, politizando esse objeto e dando visibilidade, por meio dele, às contradições, aos conflitos e às desigualdades sociais.

Com a nova ordem mundial, estabelecida desde o início dos anos 1990, outras linhas teóricas dedicaram-se à produção conceitual da geografia, compondo, com o marxismo, o atual quadro teórico dessa ciência. Nesse contexto, por conta da forma como o capital organiza a produção e a circulação de mercadorias e ideias e como estão estruturadas as relações internacionais de trabalho, bem como em função do avanço da ciência e das técnicas de informação, comunicação e transporte, emergiu o conceito de rede (de produção, comunicação etc.), que, na geografia, se concretiza nos estudos das relações local-global.

Figura 5.1 – Exemplo de obra que destaca o conceito de rede

ADÃO, Edilson e FURQUIM JR., Laercio. Geografia em rede, Volume 3. São Paulo. FTD.

Ainda como consequência dos avanços das tecnologias de informação e comunicação e do estabelecimento das redes de produção, as questões ambientais foram colocadas como pauta global e, na escola, (re)apareceram como novo tema da geografia. No contexto das relações entre o local e o global, emergiram também temas ligados à questão cultural, a qual, de forma mais modesta, porém não menos importante, também (re)aparece como conteúdo de ensino da geografia.

Em termos de permanências, verificamos a continuidade dos temas que constituíram historicamente a geografia como campo do conhecimento. Assim, na escola, ainda se discorre sobre as dinâmicas da natureza, as questões demográficas e os estudos regionais, tomados sob critérios diversos de regionalização, desde os físicos e continentais até os políticos e econômicos, que vieram depois e também permanecem.

Indicação cultural

BRASIL. Ministério da Educação. Secretaria de Educação Básica. **Coleção Explorando o Ensino**: Geografia. Brasília, 2010. 7 v.

Voltado para professores da educação básica, essa obra é composta de artigos que tratam de temas e conceitos geográficos recorrentes em livros didáticos. O objetivo desse material é aprofundar o conhecimento dos professores para que usem os livros didáticos de forma crítica e consciente. Os autores dos capítulos são professores de diversas universidades brasileiras que vivenciaram a experiência de participar do Programa Nacional do Livro Didático (PNLD) como avaliadores.

Atividades de autoavaliação

1. Quais são os conceitos centrais trabalhados pela geografia escolar no Brasil até o fim da ditadura militar?
   a) Território e política.
   b) Região e paisagem.
   c) Lugar e natureza.
   d) Sociedade e natureza.
   e) Região e território.

2. Sobre o descompasso ocorrido por décadas entre a produção acadêmica e o ensino de geografia no Brasil, assinale a alternativa correta:
   a) O ensino de geografia esteve à frente da produção acadêmica, propondo metodologias críticas que ultrapassavam as explicações positivistas dos conceitos e temas geográficos.
   b) Pesquisas recentes demonstram que a criação de novos conceitos geográficos foi acompanhada de uma intensa atualização dos materiais didáticos, o que tornou uma falácia a ideia de descompasso entre a ciência geográfica e o ensino de geografia.
   c) O descompasso se deu porque, ao passo que a ciência geográfica criou novos conceitos para explicar o espaço geográfico, após a Segunda Guerra Mundial, na escola brasileira, o ensino de geografia se manteve por décadas com as mesmas práticas e fundamentos do período tradicional.
   d) Durante o Estado Novo (ditadura Vargas), a chamada *geografia tradicional* teve um avanço significativo nas práticas de ensino, ao passo que a pesquisa geográfica acadêmica se manteve vinculada aos fundamentos clássicos, o que gerou um descompasso entre ambas.
   e) Tanto a pesquisa geográfica quanto o ensino de geografia tiveram avanços concomitantes no que se refere à elaboração teórico-conceitual, mas o descompasso se deu por causa das metodologias de ensino, que permaneceram tradicionais.

3. Relacione as características de cada período histórico com sua respectiva produção geográfica:
   I. Período técnico do capitalismo
   II. Período técnico-científico-informacional do capitalismo

( ) Durou até a Segunda Guerra Mundial e nele se constituiu a geografia tradicional.
( ) Foi marcado por trocas intercontinentais e transoceânicas de plantas, de animais e de homens, com seus modos de fazer e de ser, e no qual se constituiu a sistematização da geografia.
( ) Passou-se a analisar o espaço geográfico em escalas mais amplas, o qual, pela primeira vez, foi tomado como conceito-chave da geografia.
( ) Os espaços locais foram requalificados e atendem, sobretudo, aos interesses de atores hegemônicos da economia, da cultura e da política, incorporando-se plenamente às novas correntes mundiais.
( ) O conhecimento ensinado na escola tinha como base inventários de manifestações geográficas identificadas em seus limites administrativos, de modo a compor um longo conjunto de dados sobre todo o território nacional.

Assinale a alternativa que corresponde à sequência correta:
a) I, II, II, I, I.
b) II, I, I, II, II.
c) II, II, I, I, II.
d) I, I, II, II, I.
e) I, II, I, II, I.

4. Sobre os temas e conceitos do ensino de geografia no Brasil logo após a redemocratização do país, é correto afirmar:
   a) Emergiu o movimento da geografia crítica e, com ele, novos temas foram levados para a escola, especialmente os relacionados à sociedade, à política e à economia. Em contrapartida, em um primeiro momento, alguns conceitos

foram abandonados e a importância da cartografia foi reduzida.

b) A geografia crítica, fundamentada no materialismo histórico dialético, trouxe temas sociais e políticos para a escola e ressignificou imediatamente todo o quadro teórico conceitual, renovando completamente a geografia e seu ensino.

c) Depois que chegou à academia e às pesquisas científicas, a geografia crítica, com seus temas e conceitos, tornou-se efetiva nas escolas apenas na segunda metade dos anos 1990.

d) Em razão do descompasso vivido no Brasil entre a produção acadêmica e o ensino de geografia até os anos 1980, foi trazida para a escola, após a redemocratização do país, toda a renovação conceitual e temática produzida pelo pensamento geográfico desde a década de 1950.

e) A geografia crítica não conseguiu instituir na escola brasileira seus temas e conceitos porque, ao mesmo tempo que construía seus fundamentos, o mundo vivia mudanças intensas, como o fim do socialismo na Europa, o que defasava, de imediato, a produção geográfica no Brasil.

5. A renovação temática e conceitual da geografia na escola brasileira se deu mais recentemente, com a instalação da nova ordem mundial da globalização. A respeito desse contexto, assinale a afirmativa correta:

a) Pelo fato de o mundo todo tornar-se conhecido e os acontecimentos serem noticiados em tempo real, a geografia, após 1990, buscou um *status* científico e passou a adotar os temas e conceitos elaborados anteriormente, desde o início de sua história.

b) A globalização evidenciou características singulares dos diversos lugares do planeta; por isso, a produção industrial tornou-se cada vez mais concentrada nas matrizes das empresas, tendo em vista que os problemas dos lugares geraram desinteresse dos investidores.

c) Com o conhecimento técnico-científico-informacional, o planeta tornou-se uma pequena aldeia global, com todos os lugares conhecidos e incorporados à rede de produção, o que pode levar ao desaparecimento das culturas locais.

d) Em virtude da nova forma de pensar o espaço geográfico mundial, considerando-se a globalização e as tecnologias de informação em tempo real, alguns conceitos geográficos foram ressignificados, exceto os de região e território.

e) A globalização da produção e da economia, com a ampliação das comunicações e das informações, ressaltou os problemas ambientais e as singularidades culturais dos lugares que ressurgiram como temas da geografia, a exemplo das questões socioambiental e cultural.

Atividades de aprendizagem

Questão para reflexão

1. Por um viés cronológico, identifique as linhas teóricas da geografia, os conceitos em destaque em cada período histórico e os principais temas trabalhados nesses períodos.

Atividades aplicadas: prática

1. Analise livros didáticos de Geografia para o ensino fundamental seguindo os passos indicados:

a) Busque um livro publicado em cada um destes períodos: início dos anos 1970, começo dos anos 1990 e após 2010. É importante que os três livros selecionados sejam para a mesma série do ensino fundamental.
b) Compare os temas e conceitos geográficos destacados em cada livro.
c) Verifique a concepção teórica que os autores utilizam para abordar esses temas e conceitos. Essa análise deve considerar o enfoque geográfico e, também, a proposta pedagógica dos livros.
d) Produza sua análise, caracterizando cada livro e comparando as concepções teóricas e metodológicas de uns com as dos outros.

2. Procure, em sumários de livros didáticos de Geografia (de preferência do sexto ao nono ano), os temas de estudo propostos por diferentes autores. Classifique-os nas categorias:
a) permanências (temas que sempre foram estudados pela geografia);
b) novidades (temas novos, atuais ou de abordagens renovadas).

Considerações finais

As diversas vertentes da geografia que se desenvolveram a partir da década de 1950 trouxeram um caráter renovador ao que vinha sendo produzido naquele período. Entretanto, a geografia tradicional e a quantitativa não deixaram de ser efetivadas.

No primeiro capítulo, enfatizamos as matrizes de renovação da geografia, considerando, principalmente, a geografia crítica, a humanística e a ambiental. Destacamos também que os avanços das geotecnologias foram imprescindíveis para a evolução da geografia como um todo.

É importante lembrar que as ciências estão sendo produzidas a todo instante, em todo lugar. Assim, novas teorias, novas descobertas, novas tecnologias e novos métodos são incorporados às diferentes vertentes da geografia, que está em constante atualização. Por isso, cabe a cada pesquisador buscar continuamente conhecimento e aprofundamento e saber o que de mais moderno está acontecendo na ciência e no mundo.

No segundo capítulo, vimos que o espaço mundial foi ganhando novas formas e se transformando graças ao surgimento do capitalismo. Houve mudanças não somente nos campos econômico e político, mas também nas esferas sociais, territoriais e ambientais, gerando profundas transformações nos processos produtivos e nas estratégias de reprodução do capitalismo. Esse sistema econômico e social predomina, atualmente, na maioria dos países industrializados ou em processo de industrialização e já passou por inúmeras fases, que foram se sobressaindo umas às outras no decorrer dos séculos: capitalismo comercial, industrial, financeiro ou monopolista e informacional.

Destarte, o ápice do processo de internacionalização do mundo capitalista é a globalização, que surgiu como uma reordenação política e econômica das relações e das forças de produção vigente. Somado ao processo de globalização, o capitalismo acentuou as desigualdades tanto sociais quanto econômicas, que são fruto de vulnerabilidades culturais, políticas, militares, econômicas, sociais, entre outras. Tais desigualdades impuseram muitos desafios. Entre os mais urgentes estão a superação da estagnação monetária e livre-cambista e a formulação de uma política decidida de reconstrução da sociedade brasileira sobre as dificuldades herdadas da era neoliberal, como o desemprego, a concentração de renda, os enormes déficits interno e externo e a desestruturação do Estado. Assim, uma das formas de superar os desafios e as desigualdades postos por um modelo econômico capitalista é por meio de blocos econômicos. Nos últimos anos, o Brasil ampliou significativamente sua área de influência e sua projeção internacional.

No terceiro capítulo, ressaltamos que a América Latina é uma macrorregião com países de características semelhantes, mas também, e contraditoriamente, desiguais. Isso nos incita a buscar um entendimento da categoria *região* e da maneira como recortamos o espaço geográfico para realizar análises utilizando determinados critérios, variáveis e pressupostos. Essa é uma tarefa fundamental para quem deseja compreender a importância da dimensão espacial dos eventos e processos utilizando conceitos e perspectivas geográficas.

Analisamos ainda três setores industriais distintos, representados pelos minérios de ferro, pela soja e pelos produtos automotivos. Destacamos que a China é um grande consumidor das *commodities* brasileiras, sobretudo de soja e de minérios de ferro. Salientamos ainda que as exportações brasileiras não se limitam a *commodities* agrícolas e minerais, haja vista que, na pauta de suas principais exportações para o mundo, também constam produtos com maior valor agregado e tecnologias mais sofisticadas.

Nossos esforços devem avançar no sentido de analisar as particularidades de cada um dos setores mencionados, mapeando áreas de concentração e desconcentração espacial da indústria e buscando entender as implicações desses processos para as economias, os setores industriais e os cidadãos dos países envolvidos. Com base em dados e variáveis recentes, pesquisas futuras poderão contribuir para compreendermos, de forma alternativa, a geografia econômica da América Latina.

No quarto capítulo, abordamos temas contemporâneos da geografia relevantes no contexto ambiental: atmosfera, água, biodiversidade e energia. Apresentamos a composição da atmosfera e a diferença entre clima e tempo. Tratamos também de questões como poluição atmosférica, efeito estufa, água e sua distribuição no mundo, distribuição da população brasileira por bacias hidrográficas, distribuição dos recursos hídricos e densidade demográfica no Brasil. Além disso, chamamos a atenção para os desafios da crise da falta de água. No que diz respeito à biodiversidade, versamos sobre os domínios morfoclimáticos brasileiros sob a ótica do geógrafo Ab'Saber. Finalizamos com uma abordagem sobre energia, focando as fontes renováveis e as não renováveis e mostrando, então, as potencialidades energéticas do Brasil. Por refletirmos sobre a ação antrópica direta, que causa uma série de impactos ambientais, o capítulo insere-se na discussão acerca da geográfica socioambiental.

No quinto e último capítulo, apresentamos os principais temas que caracterizam a geografia escolar no Brasil desde o período do Império até a atualidade. Destacamos a relação entre o conhecimento geográfico ensinado na escola e o projeto social dos respectivos governos ao longo da história do país. Demonstramos ainda que os conteúdos e os conceitos selecionados para os currículos de Geografia na educação básica não foram sempre os mesmos, embora algumas permanências sejam observadas. Assim, ao longo do século XX, a geografia foi construindo seu quadro teórico e conceitual e, em diferentes períodos históricos, alguns de seus conceitos básicos ganharam mais destaque.

Atualmente, o que parece emergir como novos temas da geografia – questão socioambiental e dimensão cultural do espaço geográfico – são, na verdade, assuntos que estiveram presentes nos estudos geográficos desde sua institucionalização, mas que são retomados agora, no contexto do mundo globalizado, sob a ótica do espaço mundial completamente conhecido e mapeado.

Concluímos, então, que o professor e geógrafo terá sempre um importante papel de protagonista, pois o que importa é a abordagem dada aos temas (novos ou antigos), a intencionalidade pedagógica do docente e o projeto de sociedade que as políticas educacionais querem implementar. Por isso, os estudos sobre currículo e suas implicações políticas devem ser permanentes na formação continuada dos professores.

Referências

AB'SABER, A. N. **Os domínios de natureza no Brasil**: potencialidades paisagísticas. São Paulo: Ateliê, 2003.

AJARA, C. A abordagem geográfica: suas possibilidades no tratamento da questão ambiental. In: MESQUITA, O. V.; SILVA, S. T. (Org.). **Geografia e questão ambiental**. Rio de Janeiro: IBGE, 1993. p. 9-12.

ALBUQUERQUE, E. S. (Org.). **Que país é esse?**: pensando o Brasil contemporâneo. São Paulo: Globo, 2005.

ALBUQUERQUE, M. A. M. de. Dois momentos na história da Geografia escolar: a geografia clássica e as contribuições de Delgado de Carvalho. **Revista Brasileira de Educação em Geografia**, Rio de Janeiro, v. 1, n. 2, p. 19-51, 2011.

ALENCASTRO, M. S. C. **Empresas, ambiente e sociedade**: introdução à gestão socioambiental corporativa. Curitiba: InterSaberes, 2012.

ALMEIDA, M. G. de. Geografia cultural: contemporaneidade e um flashback na sua ascensão no Brasil. In: MENDONÇA, F. de A.; LOWEN-SAHR, C. L.; SILVA, M. da. **Espaço e tempo**: complexidade e desafios do pensar e do fazer geográfico. Curitiba: Ademadan, 2009.

ALVES, A. R. **A indústria automobilística nos países do Mercosul**: territórios, fluxos e *upgrading* industrial. Tese (Doutorado em Geografia) – Universidade Federal do Paraná, Curitiba, 2016.

ALVES, A. R. **Geografia econômica e geografia política**. Curitiba: InterSaberes, 2015.

ANDRADE, M. C. **Geografia**: ciência da sociedade – uma introdução à análise do pensamento geográfico. São Paulo: Atlas, 1987.

AOYAMA, Y.; MURPHY, J.; HANSON, S. **Key Concepts in Economic Geography**. London: Sage, 2011.

AZEVEDO, A. **Geografia geral**. São Paulo: Companhia Editora Nacional, 1962.

BARLOW, M.; CLARKE, T. **Ouro azul**: como as grandes corporações estão se apoderando da água doce do nosso planeta. São Paulo: M. Books, 2003.

BATISTA, P. N. **O consenso de Washington**: a visão neoliberal dos problemas latino-americanos. 1994. Disponível em: <http://www.consultapopular.org.br/sites/default/files/consenso%20de%20washington.pdf>. Acesso em: 25 jun. 2018.

BAUMANN, R.; DAMICO, F.; ABDENUR, A. E. **Brics**: estudos e documentos. Brasília: Funag, 2015. (Coleção Relações Internacionais).

BECKER, B. K. A geografia e o resgate da geopolítica. **Revista Espaço Aberto**, Rio de Janeiro, v. 2, n. 1, p. 117-150, 2012. Disponível em: <https://revistas.ufrj.br/index.php/EspacoAberto/article/view/2079/1846>. Acesso em: 20 jun. 2018.

BOBBIO, N.; MATTEUCCI, N. **Dicionário de política**. 13. ed. Brasília: Ed. da UnB, 2010.

BRASIL. Agência Nacional de Águas. **Bacias hidrográficas**. 2017a. Disponível em: <http://www2.ana.gov.br/Paginas/portais/bacias/default.aspx>. Acesso em: 28 jun. 2018.

BRASIL. Decreto n. 16.782-A, de 13 de janeiro de 1925. **Diário Oficial da União**, Poder Executivo, Rio de Janeiro, 16 abr. 1925. Disponível em: <https://repositorio.ufsc.br/bitstream/handle/123456789/104707/1925_Decreto%2016782A_13%20de%20janeiro.pdf?sequence=1&isAllowed=y>. Acesso em: 28 jun. 2018.

BRASIL. Decreto-Lei n. 4.244, de 9 de abril de 1942. **Diário Oficial da União**, Poder Executivo, Rio de Janeiro, 10 abr. 1942. Disponível em: <http://www2.camara.leg.br/legin/fed/declei/1940-1949/decreto-lei-4244-9-abril-1942-414155-publicacaooriginal-1-pe.html>. Acesso em: 28 jun. 2018.

BRASIL. Embrapa. **Soja em números (safra 2015/2016)**. Disponível em: <https://www.embrapa.br/web/portal/soja/cultivos/soja1/dados-economicos>. Acesso em: 27 jun. 2018.

BRASIL. Governo do Brasil. **Brasil é o maior gerador de energia eólica da América Latina**. 20 mar. 2017b. Disponível em: <http://www.brasil.gov.br/infraestrutura/2017/03/brasil-e-o-maior-gerador-de-energia-eolica-da-america-latina>. Acesso em: 18 jun. 2018.

BRASIL. Ipea. A década inclusiva (2001-2011): desigualdade, pobreza e políticas de renda. **Comunicados do Ipea**, n. 155, 25 set. 2012.

BRASIL. Lei n. 9.433, de 8 de janeiro de 1997. **Diário Oficial da União**, Poder Legislativo, Brasília, DF, 9 jan. 1997. Disponível em: <http://www.planalto.gov.br/ccivil_03/Leis/l9433.htm>. Acesso em: 28 jun. 2018.

BRASIL. Lei n. 10.639, de 9 de janeiro de 2003. **Diário Oficial da União**, Poder Legislativo, Brasília, DF, 10 jan. 2003. Disponível em: <http://www.planalto.gov.br/ccivil_03/leis/2003/L10.639.htm>. Acesso em: 28 jun. 2018.

BRASIL. Lei n. 11.645, de 10 de março de 2008. **Diário Oficial da União**, Poder Legislativo, Brasília, DF, 11 mar. 2008. Disponível em: <http://www.planalto.gov.br/ccivil_03/_ato2007-2010/2008/lei/l11645.htm>. Acesso em: 28 jun. 2018.

BRASIL. Ministério da Agricultura. **Soja**. Disponível em: <http://www.agricultura.gov.br/vegetal/culturas/soja>. Acesso em: 5 fev. 2017c.

BRASIL. Ministério da Educação. Secretaria de Educação Fundamental. **Parâmetros Curriculares Nacionais**: Geografia – ensino de quinta a oitava séries. Brasília, 1998.

BRASIL. Ministério das Relações Exteriores. **Brics**: Brasil, Rússia, Índia, China e África do Sul. Disponível em: <http://www.itamaraty.gov.br/pt-BR/politica-externa/mecanismos-inter-regionais/3672-brics>. Acesso em: 1º ago. 2017d.

BRASIL. Ministério do Meio Ambiente. Água. 2017e. Disponível em: <http://www.mma.gov.br/agua>. Acesso em: 28 jun. 2018.

BRASIL. **Biodiversidade brasileira**. 2017f. Disponível em: <http://www.mma.gov.br/biodiversidade/biodiversidade-brasileira>. Acesso em: 28 jun. 2018.

BRASIL. **Qualidade do ar**. 2017g. Disponível em: <http://www.mma.gov.br/cidades-sustentaveis/qualidade-do-ar>. Acesso em: 28 jun. 2018.

BRUNDTLAND, G. **Our Common Future**. United Nations, 1987. Disponível em: <http://www.exteriores.gob.es/Portal/es/PoliticaExteriorCooperacion/Desarrollosostenible/Documents/Informe%20Brundtland%20(En%20ingl%C3%A9s).pdf>. Acesso em: 25 abr. 2018.

CAMARA, G.; MEDEIROS, J. S. de. **Geoprocessamento para projetos ambientais**. Instituto de Pesquisas Espaciais, São José dos Campos, 1988. Disponível em: <http://www.dpi.inpe.br/gilberto/tutoriais/gis_ambiente/>. Acesso em: 18 jun. 2018.

CARLOS, A. F. A. A geografia brasileira, hoje: algumas reflexões. **Revista Terra Livre**, São Paulo, v. 1, n. 18, p. 161-178, jan./jun. 2002. Disponível em: <http://www.agb.org.br/publicacoes/index.php/terralivre/article/view/151>. Acesso em: 20 jun. 2018.

CARLOS, A. F. A. **O lugar no/do mundo**. São Paulo: Hucitec, 1996.

CARVALHO, C. M. D. de. Uma concepção fundamental da geografia moderna: a "região natural". **Boletim Geográfico**, Rio de Janeiro, n. 13, p. 9-17, 1944. Disponível em: <http://biblioteca.ibge.gov.br/visualizacao/periodicos/19/bg_1944_v2_n13_abr.pdf>. Acesso em: 28 jun. 2018.

CARVALHO, D. dos R. P.; VELOSO FILHO, F. de A. Geografia econômica: origem, perspectivas e temas relevantes. **Caderno de Geografia**, Belo Horizonte, v. 27, n. 50, p. 573-588, 2017. Disponível em: <http://periodicos.pucminas.br/index.php/Geografia/article/view/p.2318-2962.2017v27n50p573/11911>. Acesso em: 18 jun. 2018.

CASTELLS, M. **A sociedade em rede**. 8. ed. São Paulo: Paz e Terra, 1999. v. I.

CASTELLS, M. **Fim de milênio**. São Paulo: Paz e Terra, 2000.

CASTRO, I. E. de; GOMES, P. C. da C.; CORRÊA, R. L. **Geografia**: conceitos e temas. 7. ed. Rio de Janeiro: Bertrand Brasil, 2005.

CAVALCANTI, L. de S. **A construção de conceitos geográficos no ensino**: uma análise de conhecimentos geográficos em alunos de quintas e sextas séries do Ensino Fundamental. 258 f. Tese (Doutorado em Geografia) – Universidade de São Paulo, São Paulo, 1996.

CAVALCANTI, L. de S. **Geografia, escola e construção do conhecimento**. Campinas: Papirus, 1998.

CHESNAIS, F. A globalização e o curso do capitalismo de fim-de-século. **Economia e Sociedade**, Campinas, n. 5, p. 1-30, dez. 1995.

CLAVAL, P. A geografia cultural no Brasil. In: BARTHE-DELOIZY, F. SERPA, A. (Org.). **Visões do Brasil**: estudos culturais em geografia. Salvador: EDUFBA/ Edições L'Harmattan, 2012. p. 11-25.

CONTI, J. B. **Clima e meio ambiente**. São Paulo: Atual, 1998.

CORRÊA, R. L. Espaço, um conceito-chave da geografia. In: CASTRO, I. E. de; GOMES, P. C. da C.; CORRÊA, R. L. **Geografia**: conceitos e temas. 7. ed. Rio de Janeiro: Bertrand Brasil, 2005. p. 15-23.

CORRÊA, R. L.; ROSENDAHL, Z. A geografia cultural no Brasil. **Revista da Anpege**, Ponta Grossa, n. 2, p. 97-102, 2005.

CORRÊA, R. L.; ROSENDAHL, Z. Geografia cultural: introduzindo a temática, os textos e uma agenda. In: CORRÊA, R. L.; ROSENDAHL, Z. (Org.). **Introdução à geografia cultural**. Rio de Janeiro: Bertrand, 2003.

DALMOLIN, R. S. D.; CATEN, A. Uso da terra dos biomas brasileiros e o impacto sobre a qualidade do solo. **Entre Lugar**, Dourados, n. 6, ano 3, p. 181-193, 2012. Disponível em: <http://ojs.ufgd.edu.br/index.php/entre-lugar/article/download/2454/1405>. Acesso em: 28 jun. 2018.

FERNANDES, B. M. A geopolítica da questão agrária mundial. **Boletim Dataluta**, Presidente Prudente, p. 2-4, 10 jun. 2009.

FERREIRA, A. G. **Meteorologia prática**. São Paulo: Oficina de Textos, 2006.

FIRKOWSKI, O. L. C. de F. **Urbanização e cidades**: os vários desafios da investigação geográfica. In: MENDONÇA, F. de A.; LOWEN-SAHR, C. L.; SILVA, M. da. **Espaço e tempo**: complexidade e desafios do pensar e do fazer geográfico. Curitiba: Ademadan, 2009. p. 387-405.

FLORENZANO, T. G. **Iniciação em sensoriamento remoto**. 3. ed. São Paulo: Oficina de Textos, 2011.

FURTADO, C. **Formação econômica do Brasil**. 2. ed. Rio de Janeiro: Fundo de Cultura, 1959.

FURTADO, C. **O capitalismo global**. São Paulo: Paz e Terra, 1998.

GARBOSSA, R. A.; SILVA, R. dos S. **O processo de produção do espaço urbano**: desafios de uma nova urbanidade. Curitiba: Intersaberes, 2016.

GERMANI, G. I. A questão agrária na Bahia: permanências e mudanças. In: MENDONÇA, F. de A.; LOWEN-SAHR, C. L.; SILVA, M. da. **Espaço e tempo**: complexidade e desafios do pensar e do fazer geográfico. Curitiba: Ademadan, 2009. p. 348-370.

GOLDEMBERG, J.; LUCON, O. Energia e meio ambiente no Brasil. **Estudos Avançados**, São Paulo, v. 21, n. 59, p. 7-20, 2007. Disponível em: <http://www.scielo.br/pdf/ea/v21n59/a02v2159.pdf>. Acesso em: 28 jun. 2018.

GOMES, J. de L.; BARBIERI, J. C. Gerenciamento de recursos hídricos no Brasil e no estado de São Paulo: um novo modelo de política pública. **Cadernos EBAPE.BR**, Rio de Janeiro, v. 2, n. 3, p. 1-21, 2004.

GONÇALVES, C. W. P. **Os (des)caminhos do meio ambiente**. 13. ed. São Paulo: Contexto, 2005.

GUIMARÃES, S. P. **Desafios brasileiros na era dos gigantes**. Rio de Janeiro: Contraponto, 2005.

HARVEY, D. **Condição pós-moderna**: uma pesquisa sobre as origens da mudança cultural. São Paulo: Loyola, 1989.

HARVEY, D. **Espaços de esperança**. 7. ed. São Paulo: Loyola, 2015.

HARVEY, D. **O neoliberalismo**: história e implicações. São Paulo: Loyola, 2008.

HIRANO, S. **Pré-capitalismo e capitalismo**. São Paulo: Hucitec, 1988.

HOBSBAWM, E. **Globalização, democracia e terrorismo**. São Paulo: Companhia das Letras, 2007.

HOBSBAWM, E. **The Age of Capital**: 1848-1875. New York: Charles Scribner's Sons, 1975.

IBGE – Instituto Brasileiro de Geografia e Estatística. **Censo 2010**. 2010. Disponível em: <https://censo2010.ibge.gov.br/>. Acesso em: 28 jun. 2018.

JOHNSTON, R. et al. **The Dictionary of Human Geography**. 4. ed. Oxford: Blackwell, 2000.

JULIERME, A. C. **Geografia para estudos sociais**. São Paulo: Ibep, 1974.

KRUGMAN, P. **Geography and Trade**. Cambridge: MIT Press, 1991.

KUMAR, K. **Da sociedade pós-industrial à pós-moderna**: novas teorias sobre o mundo contemporâneo. Rio de Janeiro: J. Zahar, 2006.

LACOSTE, Y. **A geografia**: isso serve, em primeiro lugar, para fazer a guerra. Campinas: Papirus, 1988.

MAMIGONIAN, A. Teorias sobre a industrialização brasileira. **Cadernos Geográficos**, Florianópolis, n. 2, ano 2, maio 2000.

MARANDOLA JR., E.; HOGAN, D. J. As dimensões da vulnerabilidade. **São Paulo em Perspectiva**, São Paulo, v. 20, n. 1, p. 33-43, 2006. Disponível em: <http://produtos.seade.gov.br/produtos/spp/v20n01/v20n01_03.pdf>. Acesso em: 21 jun. 2018.

MARX, K. **O capital**: crítica da economia política. São Paulo: Nova Cultural, 1985.

MATEUS, Alfredo Luis. Composição da atmosfera terrestre. Ponto Ciência. 2013. Disponível em: <http://pontociencia.org.br/galeria/?content%2Fpictures3%2FQuimicaAmbiental%2Fatmosfera_terrestre.jpg>. Acesso em: 26 jul. 2018.

MELO, A. de A.; VLACH, V. R. F.; SAMPAIO, C. F. S. História da Geografia escolar brasileira: continuando a discussão. In: CONGRESSO LUSO BRASILEIRO DE EDUCAÇÃO, 6., 2006, Uberlândia.

MENDONÇA, F. de A. **Geografia e meio ambiente**. 4. ed. São Paulo: Contexto, 2001a.

MENDONÇA, F. de A. **Geografia física**: ciência humana? São Paulo: Contexto, 1989.

MENDONÇA, F. Geografia socioambiental. **Revista Terra Livre**, São Paulo, n. 16, p. 113-132, 2001b. Disponível em: <http://www.agb.org.br/publicacoes/index.php/terralivre/article/viewFile/352/33>. Acesso em: 28 jun. 2018.

MOLDEN, D. Water for Food, Water for Life: A Comprehensive Assessment of Water Management in Agriculture. Londres: International Water Management Institute, 2007. p. 11. Disponível em: <http://www.iwmi.cgiar.org/assessment/files_new/synthesis/Summary_Synthesis Book.pdf>. Acesso em: 26 jul. 2018.

MONTEIRO, C. A. F. **Geografia sempre**: o homem e seus mundos. Campinas: Edições Territorial, 2008.

MORAES, A. C. R. de. **Geografia**: pequena história crítica. São Paulo: Hucitec, 1987.

MOREIRA, R. **A geografia do espaço-mundo**: conflitos e superações no espaço do capital. Rio de Janeiro: Consequência, 2016.

OLIVEIRA, A. U. de. Educação e ensino de Geografia na realidade brasileira. In: OLIVEIRA, A. U. de (Org.). **Para onde vai o ensino de Geografia?** São Paulo: Contexto, 1989.

PALES, R. C. **Desenvolvimento regional e desigualdades sociais entre as macrorregiões de planejamento de Minas Gerais**. Dissertação (Mestrado em Desenvolvimento Social) – Universidade Estadual de Montes Claros, Montes Claros, 2014.

PARANÁ. Secretaria de Estado da Educação. **Currículo básico para a escola pública do estado do Paraná**. Curitiba, 1990.

PARANÁ. Secretaria de Estado da Educação. **Diretrizes Curriculares Estaduais:** Geografia. Curitiba, 2008.

PAZ, S. M.; CUGNASCA, C. E. O sistema de posicionamento global (GPS) e suas aplicações. **Boletim Técnico da Escola Politécnica da USP**, São Paulo, 1997. Disponível em: <http://www.bibliotecadigital.gpme.org.br/bd/wp-content/uploads/eco/pdf/bd-gpme-0448.pdf>. Acesso em: 28 jun. 2018.

PNUD – Programa das Nações Unidas para o Desenvolvimento. Relatório de Desenvolvimento Humano 2010. Edição do 20º aniversário. **A verdadeira riqueza das nações**: vias para o desenvolvimento humano. 2010. Disponível em: <http://www.br.undp.org/content/dam/brazil/docs/RelatoriosDesenvolvimento/undp-br-PNUD_HDR_2010.pdf?download>. Acesso em: 28 jun. 2018.

PONTING, C. **Uma história verde do mundo**. Rio de Janeiro: Civilização Brasileira, 1995.

PORTAL SOLAR. **O que é energia solar?** Disponível em: <http://www.portalsolar.com.br/o-que-e-energia-solar-.html>. Acesso em: 28 jun. 2018.

PROENÇA, G. **Estudos sociais**. São Paulo: Ibep, 1974.

RADICCHI, A. L. A. A poluição na bacia aérea da região metropolitana de Belo Horizonte e sua repercussão na saúde da população. **Revista Brasileira de Estudos de População**, São Paulo, v. 29, n. 1, 2012. Disponível em: <http://www.scielo.br/scielo.php?script=sci_arttext&pid=S0102-30982012000100013>. Acesso em: 25 abr. 2018.

RAEDER, S. Geografia e inovação tecnológica. **Revista Mercator**, Fortaleza, v. 15, n. 2, p. 77-90, abr./jun. 2016. Disponível em: <http://www.scielo.br/pdf/mercator/v15n2/1984-2201-mercator-15-02-0077.pdf>. Acesso em: 18 jun. 2018.

RIGOLIN, T. B.; ALMEIDA, L. M. A. **Geografia**. São Paulo: Ática, 2002. (Série Novo Ensino Médio).

ROCHA, G. O. R. da. Delgado de Carvalho e a orientação moderna no ensino da Geografia escolar brasileira. **Terra Brasilis**, Nova Série, 2000. Disponível em: <http://terrabrasilis.revues.org/293>. Acesso em: 28 jun. 2018.

ROCHA, S. A. Geografia humanista: história, conceitos e o uso da paisagem percebida como perspectiva de estudo. **Revista Ra'e Ga**, Curitiba, n. 13, p. 19-27, 2007.

SANDRONI, P. **Dicionário de economia do século XXI**. Rio de Janeiro: Record, 2007.

SANTOS, M. **A natureza do espaço**: técnica e tempo, razão e emoção. 4. ed. São Paulo: Edusp, 2006a.

SANTOS, M. **Economia espacial**: críticas e alternativas. São Paulo: Edusp, 2003.

SANTOS, M. **Espaço e método**. São Paulo: Nobel, 1997a.

SANTOS, M. **Metamorfoses do espaço habitado**. São Paulo: Hucitec, 1997b.

SANTOS, M. **Por uma outra globalização**: do pensamento único à consciência universal. 24. ed. Rio de Janeiro: Record, 2015.

SANTOS, M. **Técnica, espaço, tempo**: globalização e meio técnico-científico-informacional. São Paulo: Hucitec, 1998.

SANTOS, T. S. Globalização e exclusão: a dialética da mundialização do capital. **Sociologias**, Porto Alegre, n. 6, ano 3, p. 170-198, 2001.

SASSEN, S. As diferentes especializações das cidades globais. **Arquitextos**, n. 103, ano 9, dez. 2008.

SCOTT, A. J. (Ed.). **Global City-Regions**: Trends, Theory, Policy. Oxford: Oxford University Press, 2001.

SEN, A. **Desenvolvimento como liberdade**. São Paulo: Companhia das Letras, 2010.

SENE, E. de; MOREIRA, J. C. **Geografia geral e do Brasil**: espaço geográfico e globalização. São Paulo: Scipione, 2014.

SILVA, A. C. da. A renovação geográfica no Brasil: 1976/1983 (as geografias crítica e radical em uma perspectiva teórica). **Boletim Paulista de Geografia**, São Paulo, n. 60, p. 73-140, 1984. Disponível em: <https://agb.org.br/publicacoes/index.php/boletim-paulista/article/view/1004>. Acesso em: 20 jun. 2018.

SILVA, D. C. da. Evolução da fotogrametria no Brasil. **Revista Brasileira de Geomática**, Pato Branco, v. 3, n. 2, p. 81-96, jul./dez. 2015. Disponível em: <https://periodicos.utfpr.edu.br/rbgeo/article/view/5467/3406>. Acesso em: 25 abr. 2018.

SILVA, F. J. L. T. da; ROCHA, D. F.; AQUINO, C. M. S. de. Geografia, geotecnologias e as novas tendências da geoinformação: indicação de estudos realizados na Região Nordeste. **InterEspaço: Revista de Geografia e Interdisciplinaridade**, Grajaú, v. 2, n. 6, p. 176-197, maio/ago. 2016. Disponível em: <http://www.periodicoseletronicos.ufma.br/index.php/interespaco/article/view/6488/4154>. Acesso em: 21 jun. 2018.

SILVA, S. S. de S. Contradições da assistência social no governo "neodesenvolvimentista" e suas funcionalidades ao capital. **Revista Serviço Social e Sociedade**, São Paulo, n. 113, jan./mar. 2013.

SILVA, T. T. da. **Documentos de identidade**: uma introdução às teorias do currículo. Belo Horizonte: Autêntica, 2004.

SILVEIRA, M. L. Argentina: do desencantamento da modernidade à força dos lugares. In: SILVEIRA, M. L. (Org.) **Continente em chamas**: globalização e território na América Latina. Rio de Janeiro: Civilização Brasileira, 2005. p. 177-207.

SILVEIRA, M. L. O Brasil: território e sociedade no início do século 21 – a história de um livro. **Acta Geográfica**, p. 151-163, 2011.

SINGER, P. Desenvolvimento capitalista e desenvolvimento solidário. **Estudos Avançados**, São Paulo, v. 18, n. 51, maio/ago. 2004.

SOUZA, E. B. C. de. Sociedade e natureza: perspectivas no contexto geográfico do pós-guerra. **Educere: Revista da Educação**, Toledo, v. 2, n. 2, p. 183-190, 2002.

STURGEON, T. et al. O Brasil nas cadeias globais de valor: implicações para a política industrial e de comércio. **Revista Brasileira de Comércio Exterior**, n. 115, p. 26-41, 2013.

THE WORLD BANK. **Data**. GDP (current US$). Disponível em: <http://data.worldbank.org/indicator/SP.POP.TOTL?year_high_desc=false>. Acesso em: 27 jun. 2018a.

THE WORLD BANK. **Data**. Population, total. Disponível em: <http://data.worldbank.org/indicator/SP.POP.TOTL?year_high_desc=false>. Acesso em: 27 jun. 2018b.

THOMAZ JUNIOR, A. As correntes teóricas na geografia agrária brasileira: uma contribuição à crítica teórica, sem a prioris. **Revista Terra Livre**, São Paulo, v. 2, n. 35, p. 35-52, jul./dez. 2010. Disponível em: <http://www.agb.org.br/publicacoes/index.php/terralivre/article/view/416/395>. Acesso em: 20 jun. 2018.

TUCCI, C. E. M. (Org.). **Hidrologia:** ciência e aplicação. 2. ed. Porto Alegre: ABRH/Ed. da UFRGS, 1997. (Coleção ABRH de Recursos Hídricos, v. 4).

TUNDISI, J. G. (Coord.). **Recursos hídricos no Brasil**: problemas, desafios e estratégias para o futuro. Rio de Janeiro: Academia Brasileira de Ciências, 2014. Disponível em: <http://www.abc.org.br/IMG/pdf/doc-5923.pdf>. Acesso em: 28 jun. 2018.

TUNDISI, J. G. Água no século XXI: enfrentando a escassez. São Carlos: RiMa, 2003.

UERJ – Universidade Estadual do Rio de Janeiro. Vestibular 2013. Segundo exame de qualificação. Disponível em: <http://www.vestibular.uerj.br/portal_vestibular_uerj/2013/exame_de_qualificacao/eq_prova_e_gabarito.php>. Acesso em: 28 jun. 2018.

UN COMTRADE. **Banco de dados**. Disponível em: <https://comtrade.un.org/>. Acesso em: 27 jun. 2018.

UNESCO – Organização das Nações Unidas para a Educação, a Ciência e a Cultura. **Gestão mais sustentável da água é urgente, diz relatório da ONU**. 20 mar. 2015. Disponível em: <http://www.unesco.org/new/pt/brasilia/about-this-office/single-view/news/urgent_need_to_manage_water_more_sustainably_says_un_report/>. Acesso em: 28 jun. 2018.

VESENTINI, J. W. **Para uma geografia crítica na escola**. São Paulo: Ática, 1992.

VESENTINI, J. W.; VLACH, V. **Geografia crítica**. São Paulo: Ática, 1987. (Geografia do Mundo Industrializado, v. 3).

VESENTINI, J. W.; VLACH, V. **Geografia crítica**. São Paulo: Ática, 1991. (Geografia do Terceiro Mundo, v. 4).

VIEIRA, S. L.; FARIAS, I. M. S. de. **Política educacional no Brasil**: introdução histórica. Brasília: Líber Livro, 2007.

VISENTINI, P. et al. **Brics**: as potências emergentes. Petrópolis: Vozes, 2013.

VLASH, V. R. F. Carlos Miguel Delgado de Carvalho e a "orientação moderna" em geografia. In: VESENTINI, J. W. (Org.). **Geografia e ensino**: textos críticos. Campinas: Papirus, 1989. p. 149-160.

WARNAVIN, L.; ARAUJO, W. M. **Estudo das transformações da paisagem e do relevo**. Curitiba: InterSaberes, 2016.

WETTSTEIN, G. O que se deveria ensinar hoje em Geografia. In: OLIVEIRA, A. U. de (Org.). **Para onde vai o ensino de geografia?** São Paulo: Contexto, 1989. p. 125-134.

Bibliografia comentada

GALEANO, E. **As veias abertas da América Latina**. Porto alegre: L&PM, 2010.

Esse livro traz uma análise muito importante para os interessados na história e nos problemas da América Latina. Por refletir sobre a história de exploração e dependência desse continente, a obra representa uma referência importante para os estudiosos dessa macrorregião. Eduardo Galeano a publicou originalmente no início da década de 1970, mas seus ensinamentos continuam a influenciar novas gerações de leitores.

HARVEY, D. **Espaços de esperança**. Tradução de Adail Ubirajara Sobral e Maria Stela Gonçalves. São Paulo: Loyola, 2004.

O geógrafo e antropólogo David Harvey instiga o leitor a melhorar o mundo em que vivemos. Para isso, baseado nos ideais de Karl Marx, aborda, ao longo de toda a obra, temas como a questão do ser da espécie, ao se referir aos indivíduos, e nossa responsabilidade perante a natureza e a própria natureza humana. De forma clara e objetiva, o teórico mostra como as mudanças ocorridas nas últimas décadas têm transformado a forma como vemos a realidade.

PONTING, C. **Uma história verde do mundo**. Rio de Janeiro: Civilização Brasileira, 1995.

O autor apresenta uma análise ambiental no decorrer dos séculos, desde as primeiras civilizações até a atualidade. Além disso, aponta para o progresso da humanidade em contraste com as agressões à natureza.

SANTOS, M. **Por uma geografia nova:** da crítica da geografia a uma geografia crítica. São Paulo: Hucitec, 1978.

Essa obra é considerada um dos grandes clássicos da literatura geográfica. No livro, Milton Santos faz um resgate crítico da trajetória e da produção da geografia até o final dos anos 1970.

Respostas

Capítulo 1

Atividades de autoavaliação

1. b
2. d
3. c
4. b
5. a

Capítulo 2

Atividades de autoavaliação

1. e
2. a
3. e
4. d
5. b

Capítulo 3

Atividades de autoavaliação

1. b
2. d
3. a
4. d
5. d

Capítulo 4

Atividades de autoavaliação

1. b
2. a
3. d
4. c
5. d

Capítulo 5

Atividades de autoavaliação

1. b
2. c
3. d
4. a
5. e

Sobre os autores

Alceli Ribeiro Alves

Doutor em Geografia pela Universidade Federal do Paraná (UFPR) e mestre em Geografia pela Queen Mary University of London. Licenciado e bacharel em Geografia pela UFPR. Lecionou a disciplina de Geografia para alunos do ensino fundamental e do ensino médio no Brasil e para alunos do General Certificate of Secondary Education (GCSE) e do A-Level em escolas e academias de ensino da Inglaterra. Atuou também no Instituto Federal do Paraná (IFPR) como tutor conceitual e professor da disciplina de Plano Diretor do curso técnico em Serviços Públicos. Atualmente, é professor de ensino superior no Centro Universitário Internacional Uninter, onde ministra aulas e palestras para alunos de diversos cursos de graduação e pós-graduação.

Larissa Warnavin

Doutora em Geografia pela Universidade Federal do Paraná (UFPR), com período de estágio no Groupe de Géographie et D'histoire des Territoires – École des Hautes Études en Sciences Sociales e L'équipe de Epistémologie et Histoire de la Géographie (EHGO), Université Paris 1 Panthéon-Sorbonne. Mestre, bacharel e licenciada em Geografia pela UFPR. Tem experiência na área de pesquisa em geografia, ensino de geografia e produção de materiais didáticos. Atualmente, é professora do curso de licenciatura em Geografia no Centro Universitário Internacional Uninter, do Departamento de Teoria e Prática de Ensino da UFPR e de especialização em Análise Ambiental nesta mesma instituição.

Marcia Maria Fernandes de Oliveira
Pós-doutora em Educação Superior pela Universidade do Vale do Rio dos Sinos (Unisinos). Doutora em Geografia pela Universidade Federal do Paraná (UFPR). Mestra em Geografia pela UFPR, tem graduação (Licenciatura e Bacharelado) em Geografia também por essa universidade. Associada à Rede Brasileira de Educação em Direitos Humanos (ReBEDH). Pesquisadora de Desenvolvimento Científico e Tecnológico Regional da Fundação Araucária. Coordenadora de Pós-Graduação, Pesquisa e Extensão do Centro Universitário UniDomBosco - Grupo SEB.

Maria Eneida Fantin
Mestre em Tecnologia pela Universidade Tecnológica Federal do Paraná (UTFPR). Licenciada e bacharel em Geografia pela Universidade Federal do Paraná (UFPR). Professora da rede pública estadual desde 1986, ministrando aulas de Geografia para o ensino fundamental – anos finais, para o ensino médio e para o curso de formação de docentes em nível médio. Desde o início da carreira, ministrou aulas de Metodologia do Ensino de Geografia, campo ao qual dedicou sua formação continuada. Trabalhou na Secretaria de Estado da Educação, na coordenação pedagógica do Departamento de Educação Básica, de 2004 a 2010, onde, entre outras atividades, coordenou o processo de construção e redação final das Diretrizes Curriculares Estaduais para a Educação Básica. Foi professora substituta na Universidade Estadual de Londrina (UEL) e na UFPR. Ministrou aulas também no curso de Pedagogia do Centro Universitário Internacional Uninter. Foi avaliadora de livros didáticos de Geografia em várias edições do Programa Nacional do Livro Didático (PNLD), organizado pelo Ministério da Educação (MEC). Por seis anos, foi professora do curso de Pedagogia no Centro Universitário Autônomo do Brasil (UniBrasil), onde

também exerceu atividade de assessoria da pró-reitoria de graduação, coordenou o Centro Didático Pedagógico (Cedipe) e presidiu a Comissão de Vestibular. É professora da área de Geociências, atuando nos cursos de licenciatura e bacharelado em Geografia no Centro Universitário Internacional Uninter.

Renata Adriana Garbossa

Doutoranda pela Universidade Federal do Paraná (UFPR) no programa de pós-graduação em Geografia na linha de pesquisa: Produção do Espaço e da Cultura. Mestre em Geologia pela UFPR e licenciada e bacharel em Geografia pela Universidade Estadual do Oeste do Paraná (Unioeste). Atuou como professora no ensino fundamental – anos finais e no ensino médio. Professora de ensino superior desde 2003. Atualmente, é professora no Centro Universitário Internacional Uninter e coordenadora dos cursos de licenciatura e bacharelado. Atuou como geógrafa em governos municipais e estaduais com projetos nas áreas de planejamento urbano.

Os papéis utilizados neste livro, certificados por instituições ambientais competentes, são recicláveis, provenientes de fontes renováveis e, portanto, um meio responsável e natural de informação e conhecimento.

Impressão: Reproset